STARK

ABITUR-TRAINING

Chemie 1

Gleichgewichte · Energetik
Elektrochemie

Karl Kanz · Helmut Moll

Mit Lernvideos

STARK

Autoren: Karl Kanz und **Helmut Moll**

Bildnachweis:
Umschlagbild: © PhotoSG - Fotolia.com
Kapitelbild 1: BAYERNOIL Raffineriegesellschaft mbH
Kapitelbild 2: © NASA, http://spaceflight.nasa.gov/gallery
Kapitelbild 4: Mit freundlicher Genehmigung der VARTA Autobatterie GmbH, Hannover
Fotos S. 111, 126, 129: Karl Kanz

www.stark-verlag.de
1. Auflage 1987

Inhalt

Autoren: Karl Kanz und Helmut Moll

Danksagung

Begleitet haben die Arbeit an diesem Buch viele Schülerinnen und Schüler. Für ihre guten Ratschläge, ihre Kritik, aber auch Aufmunterung bedanken sich Verlag und Autoren ganz herzlich. Besonderer Dank gilt Jana und Lisa, die trotz der Vorbereitung auf die anstehende Abiturprüfung die Korrekturen gelesen haben.

Im Hinblick auf eine eventuelle Begrenzung des Datenvolumens wird empfohlen, dass Sie sich beim Ansehen der Videos im WLAN befinden. Haben Sie keine Möglichkeit, den QR-Code zu scannen, finden Sie die Lernvideos auch unter:
http://qrcode.stark-verlag.de/84731V

Vorwort

Liebe Schülerin, lieber Schüler,

für viele von Ihnen wird das Fach Chemie in der Berufsausbildung und im anschließenden Berufsleben eine wichtige Rolle spielen. Vielleicht haben Sie es deswegen gewählt oder Sie haben ganz einfach Freude an dieser wichtigen Naturwissenschaft.

Dieses Buch soll Ihnen dabei helfen, sich den Lehrstoff der Chemie in der Oberstufe der Gymnasien in Baden-Württemberg schnell und sicher anzueignen und zu vertiefen, damit Sie bei den anstehenden Prüfungen und vor allem im Abitur gute Ergebnisse erreichen.

Der vorliegende Band „Abitur-Training Chemie 1" enthält die Kapitel **Chemische Gleichgewichte, Energetik chemischer Reaktionen, Säure-Base-Gleichgewichte** und **Elektrochemie**. Diese Themen spielen eine zentrale Rolle im Oberstufenunterricht und sind auch für das Verständnis vieler biologisch wichtiger Reaktionen von großer Bedeutung.

Anhand zahlreicher **Beispiele** und **Abbildungen** wird das prüfungsrelevante Wissen anschaulich erklärt. Die **Aufgaben** im Anschluss an jedes Kapitel ermöglichen es Ihnen, erworbenes Wissen anzuwenden und zu überprüfen. Mithilfe der **vollständigen Lösungen** am Ende des Buches können Sie Ihren Lernerfolg sofort kontrollieren.

Die in diesem und im Trainingsband Chemie 2 (Verlagsnummer 84732V) behandelten Inhalte bieten Ihnen eine optimale Grundlage zur Wiederholung und Vertiefung des gesamten Unterrichtsstoffs der Oberstufe.

Zu ausgewählten Themenbereichen gibt es **Lernvideos**, in denen wichtige chemische Zusammenhänge dargestellt werden. An den entsprechenden Stellen im Buch befindet sich ein QR-Code, den Sie mithilfe Ihres Smartphones oder Tablets scannen können – Sie gelangen so schnell und einfach zum zugehörigen Lernvideo.

Verlag und Autoren wünschen allen Schülerinnen und Schülern viel Erfolg in den Prüfungen!

Karl Kanz und Helmut Moll

Chemische Gleichgewichte

Moderne großtechnische Verfahren erfordern eine gründliche Untersuchung der sich einstellenden chemischen Gleichgewichte. Moderne Erdölraffinerien müssen die Bestandteile des Rohöls auf vielfältige Weise umwandeln und veredeln, um den hohen Anforderungen der Technik und des Umweltschutzes zu genügen.

1 Umkehrbare Reaktionen

Umkehrbarkeit ist eine grundlegende Eigenschaft vieler chemischer Reaktionen. So beobachtet man beim Zusammengeben der Gase Ammoniak und Chlorwasserstoff, dass sich ein weißer Rauch von Ammoniumchlorid bildet.

$$NH_3 + HCl \longrightarrow NH_4Cl$$

Bei hohen Temperaturen zerfällt Ammoniumchlorid wieder in Ammoniak und Chlorwasserstoff. Man spricht in solchen Fällen von einer Hin- und einer Rückreaktion

$$NH_3 + HCl \xrightarrow{\text{Hinreaktion}} NH_4Cl$$

$$NH_4Cl \xrightarrow{\text{Rückreaktion}} NH_3 + HCl$$

und kennzeichnet diesen Sachverhalt durch das Symbol „$\rightleftharpoons$“:

$$NH_3 + HCl \underset{\text{Rückreaktion}}{\overset{\text{Hinreaktion}}{\rightleftharpoons}} NH_4Cl$$

Bei der Verbrennung von Wasserstoff bildet sich Wasser in einer exothermen Reaktion, der „Knallgasreaktion“. Es kann aber auch die umgekehrte Reaktion ablaufen. Bei sehr hohen Temperaturen oder unter der Einwirkung elektrischen Stromes kann Wasser wieder in Wasserstoff und Sauerstoff gespalten werden:

$$2\,H_2 + O_2 \underset{\text{Rückreaktion}}{\overset{\text{Hinreaktion}}{\rightleftharpoons}} 2\,H_2O$$

2 Der Gleichgewichtszustand

Die Bildung eines **Esters** aus einer Carbonsäure und einem Alkohol ist für die Untersuchung umkehrbarer Reaktionen gut geeignet, weil sowohl Hin- als auch Rückreaktion bei Zimmertemperatur und mit Schwefelsäure als Katalysator schnell genug ablaufen. Außerdem lassen sich die Konzentrationen[1] der reagierenden Stoffe zu jedem Zeitpunkt leicht messen. So kann der Gehalt an Carbonsäure im Reaktionsgemisch durch Titration festgestellt werden. Dazu werden von Zeit zu Zeit jeweils 0,5 mL des Reaktionsgemisches entnommen und mit Natronlauge neutralisiert.
Die Reaktionsgleichung für die Bildung von Ethansäureethylester aus Ethansäure (Essigsäure) und Ethanol lautet:

1 Konzentrationen, genauer gesagt Stoffmengenkonzentrationen, werden in mol · L^{-1} angegeben. Das Symbol ist *c*.

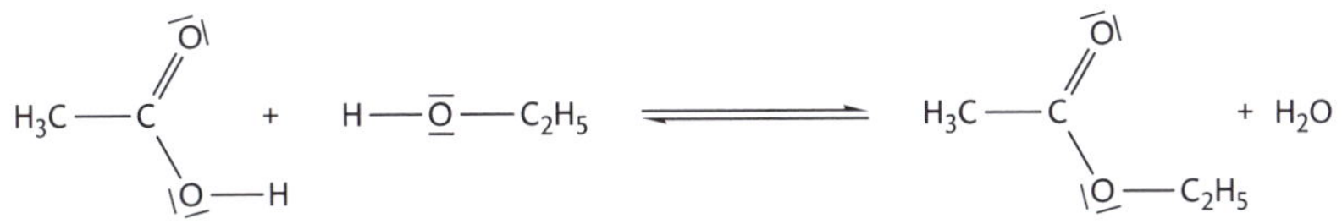

Ethansäure Ethanol Ethansäureethylester Wasser

Die folgende Tabelle zeigt die Ergebnisse einer solchen Versuchsreihe. Begonnen wurde mit einem Gemisch aus Ethansäure und Ethanol im Stoffmengenverhältnis 1 : 1 (alle Konzentrationsangaben in mol · L^{-1}):

Zeit in min	0	1	2	3	4	6	8	10	12	17	20	22	26	32	40
c(Säure) = c(Alkohol)	10,3	8,2	7,0	6,4	5,7	5,0	4,4	4,0	3,7	3,6	3,4	3,4	3,4	3,4	3,4
c(Ester) = c(Wasser)	0	2,1	3,3	3,9	4,6	5,3	5,9	6,3	6,6	6,7	6,9	6,9	6,9	6,9	6,9

Tab. 1: Ergebnisse einer Versuchsreihe zur Esterbildung

Grafisch dargestellt ergeben diese Werte das folgende Diagramm:

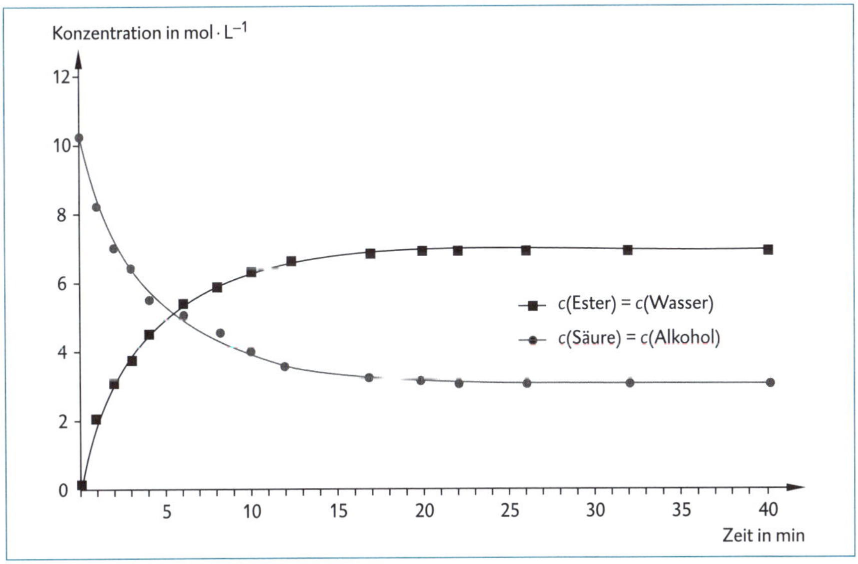

Abb. 1: Quantitative Untersuchung einer Veresterung: Stoffmengenkonzentrationen aller Reaktionspartner in Abhängigkeit von der Zeit

Die Grafik zeigt: In gleich langen Zeitabschnitten ändern sich die Stoffmengenkonzentrationen anfangs sehr stark, dann immer weniger und ab etwa 20 Minuten so gut wie überhaupt nicht mehr. Alle Edukte und Produkte liegen

dann in gleich bleibenden Stoffmengenkonzentrationen vor. Diesen Zustand bezeichnet man als **chemisches Gleichgewicht**.
Gibt man die Endstoffe Ester und Wasser in Gegenwart eines Katalysators zusammen, beobachtet man die Einstellung dieses Gleichgewichts von der anderen Seite her. Zunächst schnell, dann immer langsamer entstehen Säure und Alkohol. Zuletzt wird genau der gleiche Zustand erreicht.

> Hat eine chemische Reaktion ein **Gleichgewicht** erreicht, so sind alle an der Reaktion beteiligten Ausgangs- und Endstoffe gleichzeitig vorhanden und ihre Konzentrationen ändern sich nicht mehr.

Hin- und Rückreaktion werden unter Verwendung des **Doppelpfeils** zusammengefasst. Für die besprochene Estersynthese bzw. Esterspaltung kann man daher kurz formulieren:

$$\text{Ethansäure} + \text{Ethanol} \underset{\text{Rückreaktion}}{\overset{\text{Hinreaktion}}{\rightleftharpoons}} \text{Ethansäureethylester} + \text{Wasser}$$

Der Gleichgewichtszustand, der sich im Verlauf dieser Veresterung einstellt, lässt sich anhand der Reaktionsgeschwindigkeiten von Hin- und Rückreaktion begründen. Was man unter der Reaktionsgeschwindigkeit versteht, lässt sich Abbildung 1 entnehmen. Läuft eine Reaktion mit hoher Geschwindigkeit ab, so ändern sich die Stoffmengenkonzentrationen in kurzer Zeit stark. Das drückt sich in der Steigung der eingezeichneten Kurven aus: Eine große Steigung im Konzentrations-Zeit-Diagramm bedeutet eine hohe Reaktionsgeschwindigkeit.

- Zu Beginn der Reaktion liegen fast nur Ethansäure- und Ethanolmoleküle vor. Eine Reaktion erfolgt nur dann, wenn zwei Moleküle zusammentreffen. Diese müssen außerdem eine bestimmte Mindestenergie besitzen, da zunächst chemische Bindungen aufzubrechen sind und erst danach neue geknüpft werden können. Anfangs sind viele Moleküle der Ausgangsstoffe vorhanden, die Zusammenstöße sind häufig und die Reaktionsgeschwindigkeit ist daher groß. Mit der Zeit werden es weniger und die Wahrscheinlichkeit eines Zusammentreffens der Moleküle sinkt. Die Reaktionsgeschwindigkeit der Bildung von Ester und Wasser nimmt daher ab.
- Beim Zusammenstoß von Ester- und Wassermolekülen entstehen wieder Ethansäure und der Alkohol. Anfangs läuft diese Reaktion nur langsam ab, da noch wenig Ester- und Wassermoleküle vorhanden sind. Die Geschwindigkeit der Rückreaktion nimmt aber mit steigender Konzentration der Produkte Ester und Wasser zu.

- Schließlich wird ein Zustand erreicht, bei dem Hin- und Rückreaktion mit gleicher Geschwindigkeit ablaufen. Ein solches Gleichgewicht bezeichnet man als **dynamisches Gleichgewicht**. Im Gegensatz zu einem statischen Gleichgewicht, in dem sich z. B. eine austarierte Waage befindet, herrscht in diesem Fall kein echter Stillstand. Stattdessen laufen zwei Vorgänge gleichzeitig ab, die sich in ihrer Wirkung gegenseitig aufheben.

3 Das Massenwirkungsgesetz

Im chemischen Gleichgewicht laufen Hin- und Rückreaktion mit gleicher Geschwindigkeit ab. Verwendet man für die Reaktionsgeschwindigkeiten das Symbol v, so gilt:

$$v(\text{Hinreaktion}) = v(\text{Rückreaktion}) \qquad (1)$$

Untersuchungen zeigen, dass für den Zusammenhang zwischen der Reaktionsgeschwindigkeit und den Stoffmengenkonzentrationen die folgenden mathematischen Beziehungen gelten:

$$v(\text{Hinreaktion}) = k_1 \cdot c(\text{Ethansäure}) \cdot c(\text{Ethanol}) \qquad (2)$$

$$v(\text{Rückreaktion}) = k_2 \cdot c(\text{Ethansäureethylester}) \cdot c(\text{Wasser}) \qquad (3)$$

Dabei sind k_1 und k_2 die so genannten **Geschwindigkeitskonstanten**, die für jede Reaktion experimentell bestimmt werden müssen. In die mathematische Formulierung des Gleichgewichtszustandes (1) eingesetzt, ergibt sich:

$$k_1 \cdot c(\text{Ethansäure}) \cdot c(\text{Ethanol}) = k_2 \cdot c(\text{Ethansäureethylester}) \cdot c(\text{Wasser})$$

Bildet man den Quotienten aus den beiden Geschwindigkeitskonstanten, so erhält man eine neue Konstante K_c:

$$K_c = \frac{k_1}{k_2} = \frac{c(\text{Ethansäureethylster}) \cdot c(\text{Wasser})}{c(\text{Ethansäure}) \cdot c(\text{Ethanol})}$$

K_c heißt **Gleichgewichtskonstante**. Sie hängt bei jedem chemischen Gleichgewicht von der Temperatur, oft auch vom Druck ab. Allgemein gilt:

Im **chemischen Gleichgewicht** ist der Quotient aus dem Produkt der Konzentrationen der Endstoffe und dem Produkt der Konzentrationen der Ausgangsstoffe bei gegebenem Druck und gegebener Temperatur konstant.

Diesen Zusammenhang bezeichnet man als das **Massenwirkungsgesetz (MWG)**. Es wurde im Jahre 1867 von Cato GULDBERG und Peter WAAGE formuliert.

Für eine allgemein formulierte chemische Reaktion

$$a\,A + b\,B \rightleftharpoons c\,C + d\,D$$

lautet das Massenwirkungsgesetz:

$$K_c = \frac{c^c(C) \cdot c^d(D)}{c^a(A) \cdot c^b(B)}$$

Man beachte, dass die stöchiometrischen Zahlen aus der Reaktionsgleichung als Potenzen der Konzentrationen in die Berechnung eingehen. Warum dies so ist, kann hier nicht besprochen werden. Es folgt aus dem Gleichungssystem der chemischen Energetik.

Das MWG ist eines der wichtigsten Gesetze der Chemie, denn die Gleichgewichtskonstante K_c ermöglicht präzise Vorhersagen über jedes sich einstellende chemische Gleichgewicht. Werden die Ausgangsstoffe im stöchiometrisch richtigen Stoffmengenverhältnis zusammengegeben, so erkennt man an einem großen Zahlenwert von K_c, dass nach der Einstellung des Gleichgewichts nur noch sehr wenig von den Ausgangsstoffen, dafür aber sehr viel von den Endstoffen vorliegt. Das Umgekehrte gilt, wenn K_c einen kleinen Zahlenwert besitzt:

- $K_c > 1$: Das Gleichgewicht liegt auf der Seite der Produkte.
- $K_c < 1$: Das Gleichgewicht liegt auf der Seite der Ausgangsstoffe.

4 Beeinflussung des Gleichgewichtszustandes

Sehr viele Reaktionen, die uns in Natur und Technik begegnen, sind Gleichgewichtsreaktionen. Um bei industriellen Synthesen eine möglichst hohe Ausbeute und damit hohe Wirtschaftlichkeit zu erreichen, ist es häufig notwendig, die Gleichgewichtslage zu beeinflussen. Dafür stehen mehrere Möglichkeiten zur Verfügung.

4.1 Änderung der Stoffmengen

Die gelb gefärbte wässrige Lösung von Eisen(III)-chlorid reagiert mit der farblosen Lösung von Ammoniumthiocyanat, wobei die blutrot gefärbte Lösung von Eisen(III)-thiocyanat entsteht.

Es handelt sich um eine Gleichgewichtsreaktion, bei der Eisen(III)-Ionen mit Thiocyanat-Ionen reagieren:

$$\underset{\text{gelb}}{Fe^{3+}(aq)} + \underset{\text{farblos}}{3\,SCN^{-}(aq)} \rightleftharpoons \underset{\text{rot}}{Fe(SCN)_3(aq)}$$

Gibt man festes Eisen(III)-chlorid zu dieser Lösung, so vertieft sich die rote Farbe. Gleiches kann man beobachten, wenn man festes Ammoniumthiocyanat zu einer Lösung von Eisen(III)-thiocyanat gibt. In beiden Fällen wird die Konzentration des Endproduktes erhöht. Dies lässt sich mithilfe des Massenwirkungsgesetzes zeigen:

$$K_c = \frac{c(Fe(SCN)_3)}{c(Fe^{3+}) \cdot c^3(SCN^-)}$$

Durch Zugabe von Ammoniumthiocyanat wird zunächst die Konzentration der Thiocyanationen im Nenner erhöht. Da K_c eine Konstante ist, müssen die zugegebenen Thiocyanationen mit vorhandenen Fe^{3+}-Ionen reagieren, wobei Eisenthiocyanat zusätzlich gebildet wird. Man sagt, „das Gleichgewicht stellt sich neu ein". Die Reaktion erfolgt so lange, bis der rechts vom Gleichheitszeichen stehende Bruch den Wert von K_c wieder erreicht hat. Entsprechendes geschieht bei Zugabe von Eisen(III)-chlorid.
Das gilt auch umgekehrt. Entfernt man einen Reaktionspartner aus dem Gleichgewicht, wird er so lange nachgebildet, bis der Bruch den durch K_c vorgegebenen Wert wieder erreicht.

Die Neueinstellung des Gleichgewichts durch Veränderung der Konzentrationen der Ausgangs- oder Endstoffe bezeichnet man als **Verschiebung des chemischen Gleichgewichts.**

Im Labor und in der Industrie macht man von diesen Möglichkeiten intensiven Gebrauch. Bei einer Veresterung z. B. können dem Gleichgewicht durch Destillation laufend entweder der gebildete Ester oder das Wasser entzogen werden. Durch die erzwungene Neueinstellung des Gleichgewichts erreicht man einen nahezu vollständigen Umsatz der Ausgangsstoffe.

Die **Zufuhr** eines Reaktionspartners verschiebt ein chemisches Gleichgewicht in die Reaktionsrichtung, durch die diese Komponente wieder **verbraucht** wird.
Das **Entfernen** eines Reaktionspartners verschiebt das Gleichgewicht in die Richtung, in der diese Komponente **nachgebildet** wird.

4.2 Änderung der Temperatur

In fast allen Fällen verschiebt sich die Lage des Gleichgewichts, wenn man die Temperatur ändert. Wasserdampf wird z. B. bei $T = 2\,000$ K zu 4 % in „Knallgas“ zerlegt, bei 2700 K zerfallen 8 % aller Wassermoleküle zu Wasserstoff und Sauerstoff.
Ein anderes bekanntes Beispiel ist der Zerfall des farblosen Distickstofftetraoxids (N_2O_4) zu braunem Stickstoffdioxid (NO_2). Beide Verbindungen sind bei 27 ° C gasförmig. Bei dieser Temperatur beträgt der Volumenanteil des Stickstoffdioxids $\varphi(NO_2) = 20\,\%$ und der des Distickstofftetraoxids $\varphi(N_2O_4) = 80\,\%$. Die Bildung von Distickstofftetraoxid ist eine exotherme Reaktion, seine Spaltung endotherm.
Erwärmt man das Gemisch der beiden Gase, so beobachtet man eine Farbvertiefung. Beim Abkühlen ist es umgekehrt. Auch dieses Gleichgewicht stellt sich bei einer Temperaturänderung neu ein. Je höher die Temperatur ist, desto größer ist der Anteil des Stickstoffdioxids. Die Farbe des Gasgemisches wird aus diesem Grund intensiver.

$$\underset{\text{braun}}{2\,NO_2\,(g)} \rightleftharpoons \underset{\text{farblos}}{N_2O_4\,(g)} \qquad \Delta H < 0$$

Das gilt allgemein:

Durch **Erhöhung der Temperatur** verschiebt sich ein chemisches Gleichgewicht in Richtung des **endothermen** Reaktionsablaufs.
Erniedrigt man die Temperatur, so verschiebt sich ein chemisches Gleichgewicht in Richtung des exothermen Reaktionsverlaufs.

Für das NO_2/N_2O_4-Gleichgewicht lautet das Massenwirkungsgesetz:

$$K_c = \frac{c(N_2O_4)}{c^2(NO_2)}$$

Welche Stoffmengenkonzentration dabei im Zähler oder Nenner auftritt, hängt von der Formulierung der Gleichgewichtsreaktion ab[2].

2 Um Missverständnisse zu vermeiden sollte grundsätzlich der MWG-Ausdruck angegeben werden. Vereinzelt wird empfohlen, die Stoffmengenkonzentrationen der in exothermer Reaktion gebildeten Stoffe in den Zähler des Bruches zu schreiben.

Bei Gasen formuliert man das MWG meist unter Verwendung der **Partialdrücke** p der eingesetzten Komponenten, da diese leicht messbar sind. Diese Gleichgewichtskonstante erhält das Symbol K_p:

$$K_p = \frac{p(N_2O_4)}{p^2(NO_2)}$$

Der Druck p ist nichts anderes als die Summe der Partialdrücke $p(X)$ aller Bestandteile eines Gasgemisches. Diese Partialdrücke verhalten sich außerdem wie die Volumenanteile der betreffenden Bestandteile der Gasmischung. Für das zuvor genannte Gleichgewicht gilt demnach bei 27 °C und $p = 1\,000$ hPa:

$$p(NO_2) = 0{,}2 \cdot 1\,000 \text{ hPa} = 200 \text{ hPa}$$

$$p(N_2O_4) = 0{,}8 \cdot 1\,000 \text{ hPa} = 800 \text{ hPa}$$

Das gilt, da im Gleichgewichtszustand 20 % des Gemisches aus Stickstoffdioxid und 80 % des Gemisches aus Distickstofftetraoxid bestehen.
Bei Temperaturerhöhung werden in diesem Fall sowohl K_c als auch K_p größer.
Bei den bisher behandelten Reaktionen lagen alle Stoffe in einer einheitlichen, also **homogenen** Mischung als Lösungen oder Gase vor. In der Technik trifft man jedoch auch auf viele **heterogene Gleichgewichte**, in denen die Reaktionspartner in verschiedenen Aggregatzuständen und in räumlich voneinander getrennten **Phasen** vorliegen.
Ein bekannter Fall ist der endotherme Prozess des „Kalkbrennens“:

$$\underset{\text{„Kalkstein“}}{CaCO_3\,(s)} \rightleftharpoons \underset{\text{„gebrannter Kalk“}}{CaO\,(s)} + CO_2\,(g) \qquad \Delta H > 0$$

Kennzeichnend für die Lage des Gleichgewichts ist hier die von der Temperatur abhängige Kohlenstoffdioxid-Konzentration beziehungsweise der Partialdruck dieses Gases. Mit steigender Temperatur verschiebt sich dieses Gleichgewicht immer stärker zugunsten der Produkte. Bei etwa 1 000° C erreicht der Partialdruck des Kohlenstoffdioxids $p(CO_2)$ den Atmosphärendruck: $p(CO_2) \approx 1\,000$ hPa. Dann verdrängt das entstehende Kohlenstoffdioxid die Luft aus dem offenen Kalkbrennofen und es kommt nach und nach zu einer vollständigen Umsetzung des Kalksteins. Das Arbeiten in einem „offenen System“ verhindert hier, dass der Vorgang durch Einstellung des Gleichgewichts zum Stillstand kommt.

4.3 Änderung des Drucks

Auch die Druckabhängigkeit chemischer Gleichgewichte wird in der Schule am besten am NO_2/N_2O_4-Gleichgewicht demonstriert. Das Gasgemisch aus Distickstofftetraoxid und Stickstoffdioxid befindet sich dabei in einem dicht schließenden Kolbenprober:

$$\underset{\text{braun}}{2\,NO_2\,(g)} \rightleftharpoons \underset{\text{farblos}}{N_2O_4\,(g)}$$

Verringert man das Volumen schnell durch Verschieben des Kolbens, so intensiviert sich die braune Farbe des Gasgemisches zunächst, weil die Moleküle auf kleinerem Raum zusammengedrängt werden. Nach kurzer Zeit erfolgt aber eine merkliche Farbaufhellung. Das liegt daran, dass sich das Gleichgewicht zugunsten von Distickstofftetraoxid verschiebt. Bei einer Druckerhöhung wird das Gleichgewicht auf die Seite mit der kleineren Teilchenzahl verschoben. Dadurch wird ein kleineres Volumen benötigt und der Druck sinkt. Er bleibt aber noch immer über dem ursprünglichen Wert vor Beginn des Experiments. Vergrößert man das Volumen durch Herausziehen des Kolbens schlagartig, so kann man den umgekehrten Effekt beobachten. Zunächst erscheint der Inhalt des Kolbenprobers heller, danach lässt sich eine Vertiefung der Farbe beobachten. Entsprechend kann man die Lage aller Gleichgewichte beeinflussen, bei deren Einstellung sich das Volumen ändert. Das sind insbesondere alle Gasgleichgewichte, bei denen die Anzahl der Moleküle links und rechts vom Gleichgewichtspfeil verschieden ist[3].

Beispiele

- Eine Verschiebung des Iodwasserstoff-Gleichgewichts kann nicht durch Änderung des Drucks herbeigeführt werden. Die Anzahl der Teilchen verändert sich bei dieser Reaktion nicht und der entstehende gasförmige Iodwasserstoff benötigt das gleiche Volumen wie die Ausgangsstoffe Iod und Wasserstoff.

$$H_2\,(g) + I_2\,(g) \rightleftharpoons 2\,HI\,(g)$$

- Bei Druckerhöhung verschiebt sich das folgende Gleichgewicht nach rechts, weil das entstehende Schwefeltrioxid weniger Raum als die Ausgangsstoffe Schwefeldioxid und Sauerstoff benötigt:

$$2\,SO_2\,(g) + O_2\,(g) \rightleftharpoons 2\,SO_3\,(g)$$

3 Für Gase gilt das Avogadro-Gesetz: Gasportionen mit gleichem Volumen enthalten bei gleicher Temperatur und gleichem Druck die gleiche Anzahl kleinster Teilchen.

4.4 Das Prinzip von LE CHÂTELIER

Im Jahr 1887 formulierte der französische Chemiker Henri-Louis LE CHÂTELIER allgemein, wie sich die Lage eines Gleichgewichtes verschiebt, wenn man die äußeren Bedingungen wie Temperatur, Druck oder die Konzentrationen ändert. Das Ergebnis seiner Untersuchungen wird als **„Prinzip des kleinsten Zwanges"** oder als LE-CHÂTELIER-Prinzip bezeichnet.

> Übt man auf ein im Gleichgewichtszustand befindliches System einen äußeren **Zwang** aus, so verschiebt es seine Lage so, dass dieser Zwang auf ein Minimum reduziert wird.

Mithilfe des Prinzips des kleinsten Zwanges lässt sich die Richtung einer Gleichgewichtsverschiebung bei Beeinflussung von außen vorhersagen.

Beispiele

- Verringert man die **Konzentration** eines Stoffes, dann verschiebt sich das Gleichgewicht so, dass der Stoff nachgebildet wird.
- Erhöht man bei Gasgleichgewichten den **Druck**, so verschiebt sich das Gleichgewicht in Richtung der geringeren Teilchenzahl, weil dadurch weniger Raum beansprucht wird.
- Erhöht man die **Temperatur**, so verschiebt sich das Gleichgewicht in Richtung der endothermen Reaktion. Die zugeführte Wärme wird dabei teilweise wieder verbraucht.

Für die Durchführung von Reaktionen in Labor und Technik ergeben sich daraus wichtige Schlussfolgerungen: Bei der Herstellung von Produkten, die sich in einer exothermen Reaktion bilden, darf die Reaktionstemperatur nicht zu hoch sein, da sonst wegen der ungünstigen Gleichgewichtslage die Ausbeute zu niedrig ist. Ähnliches gilt für Reaktionen, die unter Veränderung der Teilchenzahl ablaufen: Bei Gasen muss man auf den richtigen Druck achten. Bei allen Reaktionen kann man durch gezielte Veränderung der Konzentrationen Einfluss auf die Höhe der Ausbeute nehmen.

5 Das Ammoniak-Gleichgewicht

Ammoniak gehört zu den wichtigsten Grundchemikalien für viele industrielle Synthesen. Die Produktion belief sich im Jahr 2002 in Deutschland auf ca. 2,56 Millionen Tonnen. Beispiele für die vielfältigen Weiterverarbeitungsmöglichkeiten zeigt die folgende Übersicht:

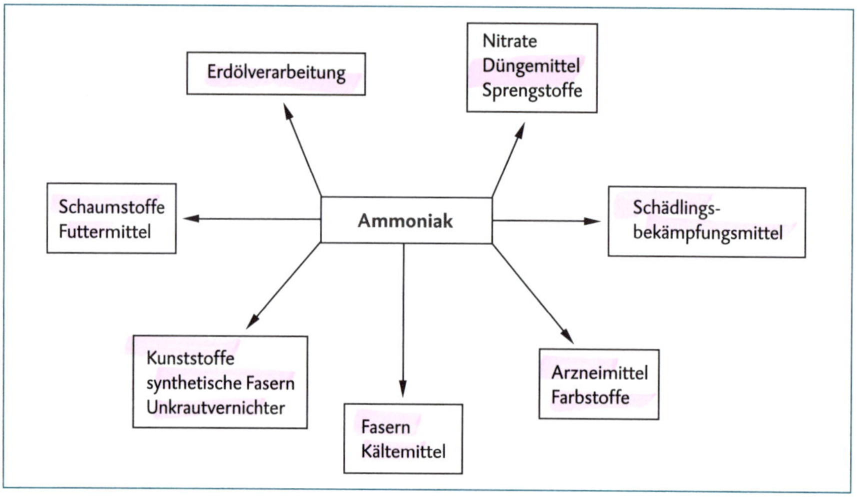

Abb. 2: Verwendung von Ammoniak als Grundchemikalie

5.1 Reaktionsbedingungen für die Ammoniaksynthese

Eine auf den ersten Blick einfache Synthesemöglichkeit für Ammoniak ist die Herstellung aus den Elementen Stickstoff und Wasserstoff. Die homogene Reaktion läuft in der Gasphase ab, wobei sich in einem geschlossenen Gefäß ein druck- und temperaturabhängiges Gleichgewicht einstellt:

$$N_2(g) + 3\,H_2(g) \rightleftharpoons 2\,NH_3(g) \qquad \Delta H = -92\,kJ$$

Nach dem Prinzip von LE CHÂTELIER sollte sich umso mehr Ammoniak bilden, je höher der Druck und je niedriger die Temperatur ist.
Bei Zimmertemperatur ist allerdings trotz günstiger Lage des Gleichgewichts praktisch keine Bildung von Ammoniak zu beobachten. Die Reaktionsgeschwindigkeit ist viel zu klein, die Zeit bis zur Einstellung des Gleichgewichts zu lang. Zur Beschleunigung der Gleichgewichtseinstellung könnte man die Temperatur erhöhen, dadurch verschiebt sich aber die Gleichgewichtslage zuungunsten der Bildung von Ammoniak. Erst der Einsatz eines **Katalysators** ermöglicht die Synthese bei wirtschaftlich vertretbaren Bedingungen. Die

folgende Grafik zeigt die Abhängigkeit des Volumenanteils des Ammoniaks im Gleichgewichtszustand von Temperatur und Druck:

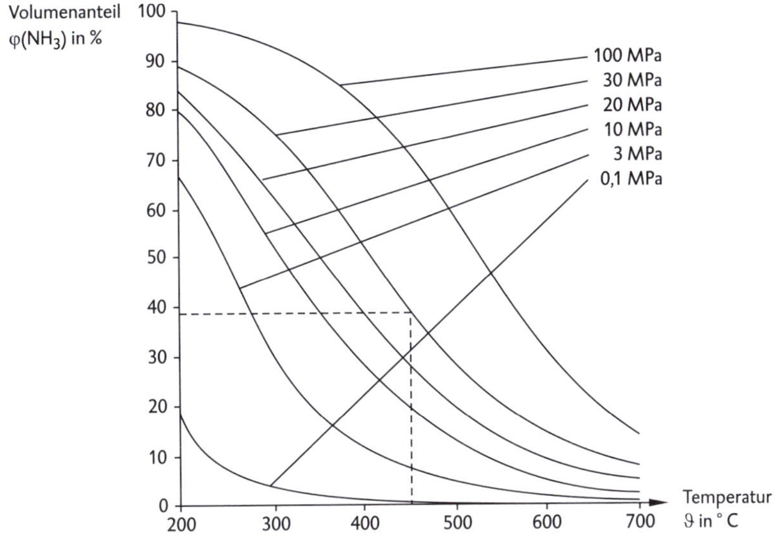

Abb. 3: Volumenanteile von Ammoniak im Gleichgewicht in Abhängigkeit von Druck und Temperatur

Bei einem Druck von 30 MPa (300 bar) und einer Temperatur von 450 °C ergibt sich im Gleichgewicht ein Volumenanteil von ca. 38 % NH_3. Solche Reaktionsbedingungen sind extrem, technisch aber realisierbar.

5.2 Industrielle Durchführung der Ammoniaksynthese

Grundlegende theoretische und praktische Vorarbeiten zur Ammoniaksynthese lieferte der Chemiker Fritz Haber in den Jahren 1903–1909. Die Übertragung in den großtechnischen Maßstab wurde von dem Chemiker und Industriellen Carl Bosch durchgeführt. 1913 konnte bei der BASF in Ludwigshafen die erste Anlage nach dem **„Haber-Bosch-Verfahren“** in Betrieb genommen werden. Sie lieferte damals ca. 30 Tonnen Ammoniak pro Tag.
Als ausreichend für eine wirtschaftliche Synthese hatten sich eine Temperatur von 500 °C und ein Druck von 20 MPa erwiesen. In Anbetracht der damaligen technischen Möglichkeiten waren das extreme Werte. Als Material für solche Reaktoren kam nur dickwandiger Stahl in Frage. Die gebauten Versuchsöfen zeigten sich allerdings als nicht ausreichend standfest. Sie explodierten nach einiger Zeit. Grund dafür war der Wasserstoff im Reaktionsgemisch und die

Tatsache, dass die eingesetzten Stahlsorten ihre Festigkeit geringen Mengen von Kohlenstoff verdankten. Bei hohen Temperaturen diffundiert Wasserstoff in das Metallgitter und reagiert dort mit dem Kohlenstoff unter Bildung von Methan:

$$C(s) + 2\,H_2(g) \longrightarrow CH_4(g)$$

Dadurch wurde der Stahlmantel nach und nach in Weicheisen verwandelt, das dem enormen Druck nicht standhalten konnte. Nach der erfolgreichen Lösung aller anderen Probleme drohte die großtechnische Synthese von Ammoniak an der Frage des Materials zu scheitern.
C. Bosch fand eine geniale Lösung: Er ließ in den drucktragenden und explosionsgefährdeten Stahlmantel Löcher bohren. Durch sie kann der Wasserstoff entweichen und es kommt auch bei langem Betrieb zu keinen Schäden. Das eigentliche Reaktionsgefäß ist ein Zylinder aus Weicheisen. Er dichtet gut ab und schmiegt sich an den stützenden Stahlzylinder an (siehe Abb. 4).

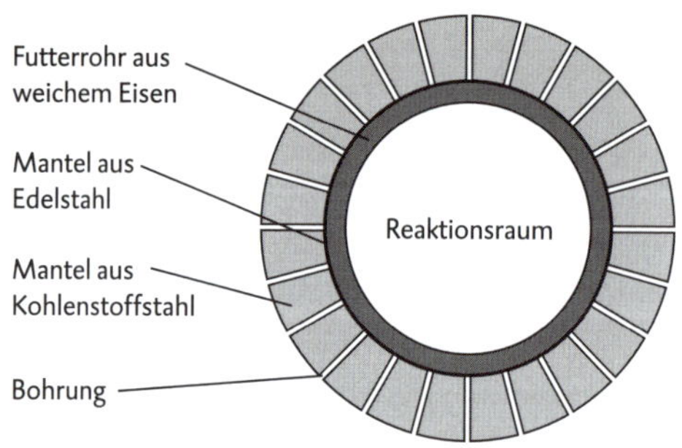

Abb. 4: Syntheseofen für Ammoniak nach Carl Bosch. Wasserstoff kann durch das Futterrohr aus Weicheisen diffundieren und durch die Bohrungen im Stahlmantel entweichen.

Für diese bahnbrechenden Arbeiten hat F. Haber im Jahre 1918 und C. Bosch im Jahre 1931 den Nobelpreis für Chemie erhalten. Die nach den beiden Forschern benannte Haber-Bosch-Synthese war der erste „Einbruch der chemischen Industrie in das Rohstoffmonopol der Natur“.

Moderne Ammoniak-Syntheseanlagen

Entscheidend für die Planung einer Ammoniak-Syntheseanlage sind die Druckverhältnisse. Die Erzeugung hoher Drücke erfordert aufwändige Apparaturen und einen hohen Energieeinsatz für die Verdichtung der Gase. Kernstück einer solchen Anlage ist der **Druckreaktor** aus hochwertigem Stahl. Für eine Tagesproduktion von 1 500 Tonnen Ammoniak setzt man Reaktoren von ca. 30 m Länge und ca. 2,40 m Innendurchmesser ein. Der **Eisen-Katalysator** ist im Reaktor in Schichten angeordnet, zwischen denen sich Wärmetauscher befinden. Letztere entziehen dem Gasgemisch die bei der Bildung von Ammoniak freigesetzte Wärme, weil sich eine Temperaturerhöhung ungünstig auf die Gleichgewichtslage auswirken würde.

Bereitstellung und Reinigung der Ausgangsstoffe

Stickstoff steht für die Synthese in praktisch unbegrenzter Menge zur Verfügung, da sein Volumenanteil in der Luft ca. 78 % beträgt. Er könnte z. B. durch „Tieftemperaturzerlegung" aus flüssiger Luft isoliert werden, fällt aber auch bei der Gewinnung von Wasserstoff aus Methan und Luft an.

Wasserstoff erhält man z. B. im „Steam Reforming"-Verfahren durch Spaltung von Erdgas (Methan) mit Wasserdampf bei ca. 900 °C an einem Nickeloxid-Aluminiumoxid-Katalysator:

$$CH_4(g) + H_2O(g) \longrightarrow CO(g) + 3\,H_2(g)$$

In einem zweiten Reaktor reagiert überschüssiges Methan mit Luft, in der auf ein Sauerstoff-Molekül vier Stickstoff-Moleküle kommen. Dabei entstehen an einem Nickel-Katalysator bei ca. 1 100 °C Kohlenstoffmonoxid und Wasserstoff, der Stickstoff bleibt dabei unverändert.

$$2\,CH_4(g) + O_2(g) + 4\,N_2(g) \longrightarrow 2\,CO(g) + 4\,H_2(g) + 4\,N_2(g)$$

Da Kohlenstoffmonoxid als **Katalysatorgift** wirkt, muss es aus dem Gasgemisch entfernt werden. Dies geschieht durch Reaktion mit Wasserdampf („Konvertierung") an einem Zinkoxid-Kupferoxid-Katalysator:

$$CO(g) + H_2O(g) \longrightarrow CO_2(g) + H_2(g)$$

Kohlenstoffdioxid wird aus dem Gasgemisch ausgewaschen, sodass zuletzt nur Stickstoff aus der Luft und Wasserstoff aus den zuvor beschriebenen Reaktionen in den Reaktor gelangen. Die Reaktionsstufen sind so aufeinander abgestimmt, dass das stöchiometrische Volumenverhältnis $V(N_2) : V(H_2) = 1 : 3$ eingehalten wird.

Synthese im Reaktor

Die für ein wirtschaftliches Verfahren erforderliche Reaktionsgeschwindigkeit wird trotz Einsatz von Katalysatoren erst bei einer Temperatur von etwa 450 °C erreicht. Bei dieser Temperatur wird ein Druck von 30 MPa gewählt, um eine akzeptable Gleichgewichtsverschiebung in Richtung Endprodukt zu erreichen. Die Synthese findet in einem Kreislaufprozess statt, bei dem das gebildete Ammoniak kontinuierlich durch Verflüssigung aus dem Gleichgewicht entfernt wird. Nicht umgesetzte Ausgangsstoffe werden wieder in den Reaktor zurückgeführt, sodass nichts verloren geht. Bei einmaligem Durchgang durch den Reaktor beträgt der Volumenanteil des Ammoniaks nur ca. 15 %. Aus Zeitgründen wartet man die Einstellung des Gleichgewichts nicht ab, die einen Volumenanteil $\varphi(NH_3) \approx 38\,\%$ ermöglichen würde (siehe Abb. 3).

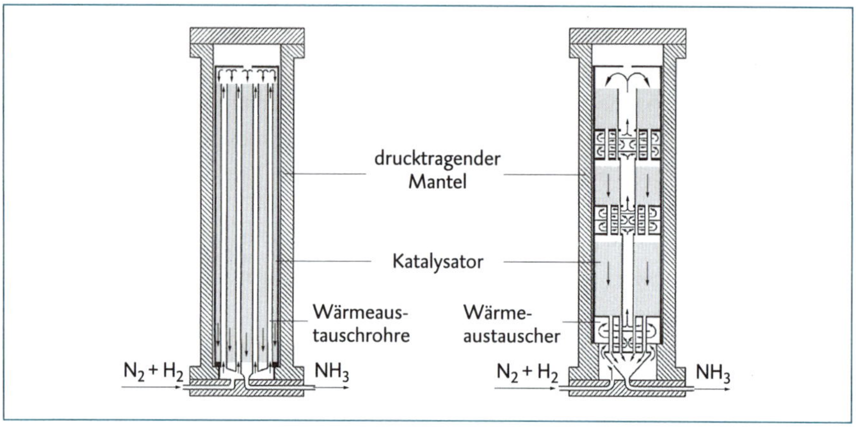

Abb. 5: Schematische Darstellung von Druckreaktoren für die Ammoniaksynthese

Die Haber-Bosch-Synthese ist ein Vorbild für viele großtechnische Synthesen der modernen chemischen Industrie geworden. Dazu zählen zwei Verfahren, die in Zeiten knapper werdenden Erdöls zur Herstellung von Kraftstoffen eingesetzt werden könnten:

- Gewinnung von Methanol aus Synthesegas nach der Gleichung

  $$CO(g) + 2\,H_2(g) \rightleftharpoons CH_3OH$$

- Fischer-Tropsch-Synthesen, bei denen aus Kohlenstoffmonoxid und Wasserstoff in exothermen Reaktionen Alkane und Wasserdampf entstehen, z. B.

  $$8\,CO(g) + 17\,H_2(g) \rightleftharpoons C_8H_{18}(g) + 8\,H_2O(g)$$

Zusammenfassung

- Viele chemische Reaktionen sind **umkehrbar**. Zum Beispiel entsteht Wasser aus Wasserstoff und Sauerstoff in der Knallgasflamme und zerfällt bei extrem hohen Temperaturen wieder in die Ausgangsstoffe.
- Umkehrbare Reaktionen führen zu **chemischen Gleichgewichten**.
  Ein Beispiel dafür ist das Iodwasserstoff-Gleichgewicht:
  $H_2(g) + I_2(g) \rightleftharpoons 2\,HI(g)$
- Im chemischen Gleichgewicht sind **alle an der Reaktion beteiligten Stoffe gleichzeitig** vorhanden und ihre Stoffmengenkonzentrationen ändern sich nicht mehr.
- Chemische Gleichgewichte sind **dynamische Gleichgewichte**, d. h. Bildung und Zerfall der Produkte laufen mit gleicher Geschwindigkeit ab.
- Chemische Gleichgewichte hängen **immer** von der **Temperatur** und in vielen Fällen ebenso vom **Druck** ab. Auch die Veränderung der **Stoffmengenkonzentrationen** verändert die Gleichgewichtslage.
- Die Veränderung der Gleichgewichtslage folgt dem **Prinzip vom kleinsten Zwang (Le Châtelier-Prinzip)**: Übt man auf ein im Gleichgewichtszustand befindliches System einen Zwang aus, verändert es seine Lage so, dass der Zwang auf ein Minimum herabgesetzt wird. **Temperaturerhöhung** begünstigt demnach die Bildung der Stoffe, die in endothermer Reaktion entstehen. **Druckerhöhung** begünstigt die Bildung der Stoffe, die weniger Raum benötigen. **Erhöht** man die **Stoffmengenkonzentration eines Reaktionspartners**, so wird die Reaktion begünstigt, bei der dieser verbraucht wird. Das Ganze gilt auch umgekehrt.
- Das **Massenwirkungsgesetz** beschreibt den mathematischen Zusammenhang zwischen den Stoffmengenkonzentrationen aller Reaktionspartner im chemischen Gleichgewicht. Es lässt sich für Reaktionen, bei denen alle Reaktionspartner in einer Phase vorliegen, direkt aus der Reaktionsgleichung ableiten, z. B.:
  $N_2(g) + 3\,H_2(g) \rightleftharpoons 2\,NH_3(g)$
  $$\frac{c^2(NH_3)}{c(N_2)\cdot c^3(H_2)} = K_c$$
  Bei Gleichgewichten, an denen nur gasförmige Stoffe beteiligt sind, wird das Massenwirkungsgesetz einfacher unter Verwendung der **Partialdrücke** p angegeben:
  $$\frac{p^2(NH_3)}{p(N_2)\cdot p^3(H_2)} = K_p$$
  Die Partialdrücke lassen sich aus den Volumenanteilen der Gasportionen im Gleichgewichtszustand berechnen. Ihre Summe ergibt den Gasdruck p im Reaktionsgefäß:
  $p(NH_3) + p(N_2) + p(H_2) = p$
- Gleichgewichtskonstanten lassen sich aus den Stoffmengenkonzentrationen bzw. Partialdrücken der Stoffe im chemischen Gleichgewicht berechnen.

Aufgaben

1. Untersuchen Sie die folgenden Aussagen hinsichtlich Ihrer Gültigkeit:
   a Die Konzentrationen der Reaktionsteilnehmer ändern sich im Gleichgewichtszustand nicht mehr, obwohl Hin- und Rückreaktion weiter ablaufen.
   b Sobald sich ein chemisches Gleichgewicht eingestellt hat, liegen Ausgangsstoffe und Endstoffe in gleicher Konzentration vor.
   c Im Gleichgewicht ändern sich die Konzentrationen der beteiligten Stoffe nicht mehr, weil Hin- und Rückreaktion zum Erliegen gekommen sind.
   d Nachdem sich im System $AB \rightleftharpoons A + B$ ein Gleichgewichtszustand eingestellt hat, wird A laufend durch Destillation entfernt. Dadurch kann man erreichen, dass AB vollständig umgesetzt wird.

2. Technisch wichtige Gleichgewichtsreaktionen sind z. B.
   - die Synthese von Stickstoffmonooxid

     $$N_2(g) + O_2(g) \rightleftharpoons 2\,NO(g) \qquad \Delta H > 0 \qquad (1)$$

   - die „Ammoniakverbrennung“

     $$4\,NH_3(g) + 5\,O_2(g) \rightleftharpoons 4\,NO(g) + 6\,H_2O(g) \qquad \Delta H < 0 \qquad (2)$$

   - und die Herstellung des zur Produktion von Schwefelsäure benötigten Schwefeltrioxids

     $$2\,SO_2(g) + O_2(g) \rightleftharpoons 2\,SO_3(g) \qquad \Delta H < 0 \qquad (3)$$

   a Erläutern Sie die Abhängigkeit dieser Gleichgewichte von Temperatur und Druck und formulieren Sie für jeden dieser Fälle das Massenwirkungsgesetz.
   b Bei Gleichgewicht 3 ist man von einem Gasgemisch aus Schwefeldioxid und Sauerstoff im Volumenverhältnis 2 : 1 ausgegangen und hat bei einem Druck von 1 000 hPa einen Volumenanteil des Schwefeltrioxids von $\varphi(SO_3) = 76\,\%$ im Gleichgewicht erhalten.
   Berechnen Sie die Gleichgewichtskonstante K_p.

3. In einer Lösung betragen die Ethansäure-Konzentration und die Propanol-Konzentration vor der Reaktion jeweils $5\,mol \cdot L^{-1}$. Nach Zugabe einer geringen Menge Schwefelsäure stellt sich das Ester-Gleichgewicht ein, wobei sich das Volumen der Lösung nicht ändert.
   Stellen Sie die Reaktionsgleichung auf und berechnen Sie die Konzentrationen aller beteiligten Partner im Gleichgewicht. Die Gleichgewichtskonstante K_c hat den Wert 4.

4. 1 mol Methansäure (Ameisensäure) und 1 mol Methanol werden in einem Kolben gemischt und mehrere Tage stehen gelassen. Dann wird mit Natronlauge titriert. Verbraucht werden 330 mL einer Lösung mit der Stoffmengenkonzentration $c(\text{NaOH}) = 1\ \text{mol} \cdot \text{L}^{-1}$.
   a Formulieren Sie die Reaktionsgleichungen für die Veresterung und für die anschließende Neutralisation.
   b Bestimmen Sie aus den Versuchsdaten die Gleichgewichtskonstante für diese Veresterung.

5. Durch Auflösen von Anthracenpikrat (AP) in Dichlormethan erhält man eine schwach rot gefärbte Lösung I. In dieser Lösung besteht folgendes Gleichgewicht:

$$\underset{\text{(farblos)}}{\text{Anthracen (A)}} + \underset{\text{(gelb)}}{\text{Pikrinsäure (P)}} \rightleftharpoons \underset{\text{(rot)}}{\text{Anthracenpikrat (AP)}}$$

   a Wie verändert sich die Farbe der Lösung, wenn man festes Anthracen zu der Lösung hinzufügt? Begründen Sie ihre Meinung.
   b Beim Abkühlen von Lösung I wird die Rotfärbung intensiver. Was kann man über die Enthalpieänderung aussagen? Begründen Sie.
   c In einem weiteren Experiment wird ein roter Farbstoff in einem Lösemittel gelöst (Lösung II). In dieser Lösung besteht kein Gleichgewicht wie in Lösung I; sie gleicht jedoch in Farbe und Farbintensität der Lösung I. Beide Lösungen werden nun mit der gleichen Menge Lösemittel verdünnt. Danach gleichen sich die beiden Lösungen nicht mehr. Beschreiben Sie, was zu beobachten ist und begründen Sie Ihre Ansicht.

6. Ammoniak zählt zu den technisch wichtigsten Verbindungen und wird in großem Umfang aus Stickstoff und Wasserstoff gewonnen.
   a Formulieren Sie eine Reaktionsgleichung und das Massenwirkungsgesetz für diese Synthese.
   Erläutern Sie die wissenschaftlichen und technischen Probleme bei diesem Verfahren und beschreiben Sie, wie sie gelöst worden sind. Gehen Sie dabei auch auf das LE CHÂTELIER-Prinzip ein.
   b Aus Ammoniak und Salpetersäure kann das Düngemittel Ammoniumnitrat hergestellt werden.
   Formulieren Sie dazu eine vereinfachte Reaktionsgleichung.

Energetik chemischer Reaktionen

Chemische Reaktionen werden häufig wegen der dabei freigesetzten Energie verwendet, z. B. beim Start des Space-Shuttle Atlantis vom Kennedy-Space-Center in Florida 2002 zur Internationalen Raumstation ISS. Der Start erfolgt mithilfe von zwei Feststoff-Raketentriebwerken, die in wenigen Minuten insgesamt rund 1 000 Tonnen Treibstoff, hauptsächlich bestehend aus Ammoniumperchlorat, verbrauchen. Die 719 t flüssigen Sauerstoffs und flüssigen Wasserstoffs aus dem großen Haupttank beschleunigen das Shuttle anschließend auf die erforderliche Geschwindigkeit von fast 28 000 km/h.

Mit chemischen Reaktionen sind nicht nur Stoffänderungen, sondern auch **Engergieänderungen** verbunden. Wenn z. B. ein Stoff verbrennt, so wird Energie in Form von Licht und Wärme freigesetzt. Der Energieumsatz kann sich aber auch in Form von Bewegungsenergie bemerkbar machen, wie in einem Verbrennungsmotor, der ein Automobil antreibt. Es gibt auch chemische Reaktionen, bei denen Energie zugeführt werden muss. Um den Ablauf chemischer Reaktionen vorhersagen oder steuern zu können, müssen die damit verbundenen Energieänderungen bekannt sein.

1 System und Umgebung – erster Hauptsatz der Thermodynamik

Möchte man vergleichbare Ergebnisse erhalten, so müssen chemische Experimente unter festgelegten Bedingungen ablaufen. Man betrachtet deshalb immer nur einen genau abgegrenzten Teil der Umwelt, der als **System** bezeichnet wird. Solch ein System kann ein Gefrierschrank mit Inhalt sein, ein Glaskolben, gefüllt mit 1 L Sauerstoff, oder auch ein Becherglas mit 100 mL Kochsalzlösung.

Man unterscheidet dabei zwischen **offenen**, **geschlossenen** und **isolierten Systemen**. Offene Systeme können mit ihrer Umgebung Energie und Materie (Stoffe) austauschen. Geschlossene Systeme lassen nur Energieaustausch, aber keinen Austausch von Materie zu. Isolierte Systeme können weder Energie noch Materie mit der Umgebung austauschen.

Für alle isolierten Systeme gilt der **Energieerhaltungssatz**. Er wird auch als erster Hauptsatz der Thermodynamik bezeichnet und besagt, dass Energie weder erzeugt noch vernichtet werden kann. Im isolierten System bleibt die Energie demnach konstant. In allen anderen Systemen führt die Zunahme der Energie stets zu einer genau gleich großen Abnahme der Energie in der Umgebung. Entsprechendes gilt im umgekehrten Fall.

Energieerhaltungssatz: Bei allen Vorgängen bleibt die Gesamtenergie von System und Umgebung konstant.[4]

4 Der Energieerhaltungssatz ist ein Erfahrungssatz. Er ist durch unzählige Versuche bestätigt worden, kann aber nicht etwa bewiesen werden. Eine wichtige Folge dieses Satzes ist, dass keine technische Vorrichtung gebaut werden kann, die auf Dauer mehr Energie abgibt, als ihr zugeführt wird. Ein solches Perpetuum mobile, z. B. ein Generator, der den von ihm erzeugten Strom zur Speisung eines Elektromotors benutzt, der ihn antreibt und dabei gleichzeitig noch eine Glühlampe versorgt, wird daher wohl immer unmöglich bleiben.

2 Die Reaktionswärme

2.1 Exotherme und endotherme Reaktionen

Die Energieänderung bei chemischen Reaktionen äußert sich v. a. in der auftretenden **Reaktionswärme**. Ursache für die energetischen Veränderungen sind Vorgänge auf der Teilchenebene: Damit neue Stoffe entstehen können, müssen bestehende Bindungen gespalten und neue geknüpft werden. Zur Trennung chemischer Bindungen muss Energie aufgebracht werden, während bei der Neuentstehung von Bindungen Energie freigesetzt wird.
Reaktionen, bei denen durch die Entstehung neuer Bindungen mehr Energie freigesetzt wird, als zur Spaltung von Bindungen notwendig ist, geben diesen Differenzbetrag an die Umgebung ab, z. B. in Form von Wärme. Dann beobachtet man einen Temperaturanstieg. Solche Reaktionen bezeichnet man als **exotherme** Reaktionen. Sind die Verhältnisse umgekehrt, so wird Energie aus der Umgebung aufgenommen und die Umgebung kühlt sich ab. In diesem Fall handelt es sich um eine **endotherme** Reaktion.

Die bei einer chemischen Reaktion abgegebene oder aufgenommene Wärme bezeichnet man als **Reaktionswärme**.

2.2 Messung der Reaktionswärme

Setzt eine chemische Reaktion Wärme frei, so steigt die Temperatur der Reaktionsprodukte und der Umgebung. Wählt man die Umgebung so, dass sie aus einer definierten Stoffportion, etwa Wasser mit der Masse $m(H_2O) = 1\,000$ g besteht, so lässt sich die aufgenommene Wärmemenge Q aus der Temperaturerhöhung $\Delta\vartheta$ berechnen:

$$Q = C(H_2O) \cdot m(H_2O) \cdot \Delta\vartheta$$

$C(H_2O)$ ist die spezifische Wärmekapazität von Wasser. Sie beträgt:

$$C(H_2O) = 4{,}19\ \text{J} \cdot \text{K}^{-1} \cdot \text{g}^{-1}$$

Reaktionswärmen werden in so genannten **Kalorimetern** gemessen, die je nach Art der zu untersuchenden Reaktion verschieden aufgebaut sind.

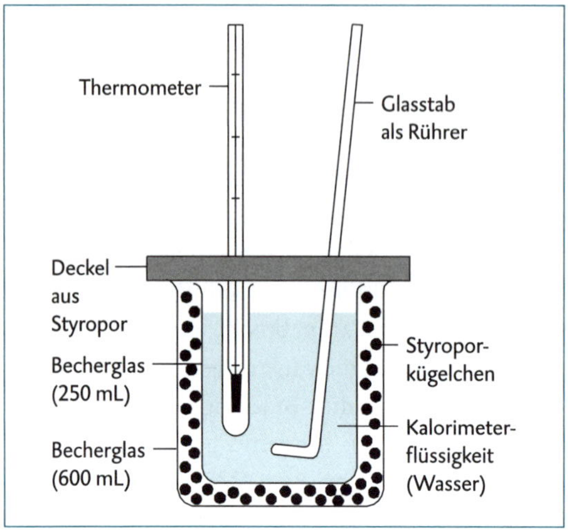

Abb. 6: Aufbau eines einfachen Kalorimeters

Für genaue Messungen ist noch zu berücksichtigen, dass die Reaktionswärme nicht nur auf die Kalorimeterflüssigkeit, sondern auch auf das Gefäß übertragen wird. Also gilt:

$$Q = (C(H_2O) \cdot m(H_2O) + c(\text{Kal})) \cdot \Delta\vartheta$$

In dieser Gleichung bedeuten:

- $m(H_2O)$ Masse des Wassers
- $C(H_2O)$ spezifische Wärmekapazität des Wassers ($C(H_2O) = 4{,}19\,\text{J} \cdot \text{K}^{-1} \cdot \text{g}^{-1}$)
- $c(\text{Kal})$ Wärmekapazität des Kalorimeters in $\text{J} \cdot \text{K}^{-1}$
- $\Delta\vartheta$ Temperaturdifferenz ($\vartheta_{\text{Ende}} - \vartheta_{\text{Anfang}}$) in °C

Die Wärmekapazität des Kalorimeters muss vor der Messung einer Reaktionswärme bestimmt werden. Das gelingt durch einen einfachen Mischungsversuch: Eine Portion kalten Wassers der Masse m_1 wird in das Kalorimeter gegeben und dann die Temperatur gemessen (ϑ_1). Anschließend wird eine Portion warmen Wassers der Masse m_2 und der Temperatur ϑ_2 hinzugegeben, umgerührt und die Mischungstemperatur ϑ_3 gemessen.

Die vom kalten Wasser und vom Kalorimeter beim Mischungsvorgang aufgenommene Wärme beträgt:

$$Q_1 = [C(H_2O) \cdot m_1 + c(\text{Kal})] \cdot (\vartheta_3 - \vartheta_1) \qquad (1)$$

Die vom warmen Wasser beim Mischungsvorgang abgegebene Wärme beträgt:

$$Q_2 = -C(H_2O) \cdot m_2 \cdot (\vartheta_3 - \vartheta_2) \qquad (2)$$

Beachten Sie dabei, dass die vom kalten Wasser aufgenommene Wärmemenge Q_1 ein positives, die vom warmen Wasser abgegebene Wärmemenge Q_2 ein negatives Vorzeichen erhält. Da insgesamt keine Wärme mit der Umgebung ausgetauscht wird, gilt:

$$Q_1 = Q_2 \qquad (3)$$

Durch Einsetzen von Gleichung (1) und (2) in (3) ergibt sich:

$$[C(H_2O) \cdot m_1 + c(\text{Kal})] \cdot (\vartheta_3 - \vartheta_1) = -C(H_2O) \cdot m_2 \cdot (\vartheta_3 - \vartheta_2)$$

und

$$c(\text{Kal}) = \frac{-C(H_2O) \cdot m_2 \cdot (\vartheta_3 - \vartheta_2) - C(H_2O) \cdot m_1 \cdot (\vartheta_3 - \vartheta_1)}{(\vartheta_3 - \vartheta_1)}$$

Dieses etwas umständliche Verfahren zur Bestimmung der Wärmekapazität muss für jedes Kalorimeter nur einmal durchgeführt werden. Es ist hier eigentlich nur der Vollständigkeit halber besprochen worden.

Beispiel

In einer als Kalorimeter verwendeten einfachen Thermosflasche befinden sich $m_1 = 100$ g Wasser, dessen Temperatur $\vartheta_1 = 20\ °C$ beträgt. Nach dem Vermischen mit einer Portion warmen Wassers mit $m_2 = 100$ g und $\vartheta_2 = 60\ °C$ stellt man eine Mischungstemperatur von $\vartheta_3 = 36\ °C$ fest. Die Wärmekapazität des Kalorimeters beträgt dann:

$$c(\text{Kal}) = \frac{-C(H_2O) \cdot m_2 \cdot (\vartheta_3 - \vartheta_2) - C(H_2O) \cdot m_1 \cdot (\vartheta_3 - \vartheta_1)}{(\vartheta_3 - \vartheta_1)}$$

$$= \frac{-4{,}19\ J \cdot K^{-1} \cdot g^{-1} \cdot 100\ g \cdot (36\ °C - 60\ °C) - 4{,}19\ J \cdot K^{-1} \cdot g^{-1} \cdot 100\ g \cdot (36\ °C - 20\ °C)}{(36\ °C - 20\ °C)}$$

$$= 210\ J \cdot K^{-1}$$

3 Innere Energie und Enthalpie

3.1 Die innere Energie

Die Energie, die in einer Stoffportion aufgrund ihrer chemischen Zusammensetzung, ihrer Temperatur und ihres Drucks gespeichert ist, nennt man **innere Energie** U. Die innere Energie ändert sich bei einer chemischen Reaktion, da neue Stoffe entstehen.

Die Änderung der inneren Energie ΔU entspricht der **Differenz** der inneren Energien nach (Zustand 2) und vor (Zustand 1) der Reaktion: $\mathbf{\Delta U = U_2 - U_1}$

Wenn bei einer Reaktion die innere Energie **abnimmt**, trägt ΔU vereinbarungsgemäß ein **negatives** Vorzeichen, bei Zunahme ein positives.

Bei vielen Reaktionen kommt es nicht nur zu einem Austausch von Wärme mit der Umgebung, sondern es wird auch Arbeit verrichtet. Das ist immer dann der Fall, wenn sich das Volumen verändert. Vergrößert sich das Volumen, verdrängen die entstehenden Stoffe die vorher an dieser Stelle vorhandenen Moleküle. Dabei muss Arbeit verrichtet werden. Man bezeichnet sie als Volumenarbeit.

Beispiel

Als Beispiel eignet sich die Umsetzung von Magnesiumspänen Mg (s) mit Salzsäure HCl (aq) in folgender Apparatur:

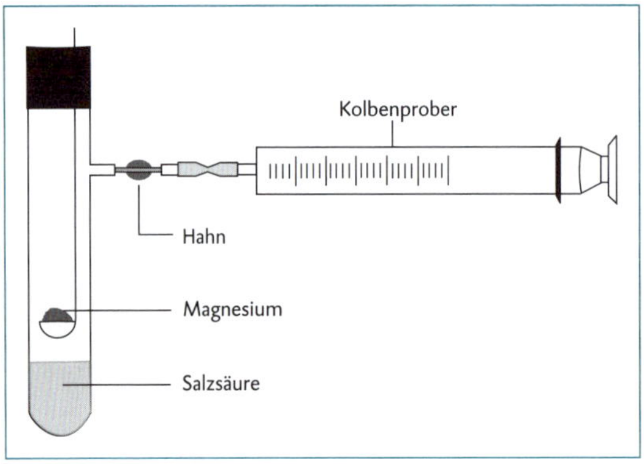

Abb. 7: Versuchsanordnung zur Bestimmung der Volumenarbeit bei einer chemischen Reaktion

Die Reaktionsgleichung lautet:

$$Mg(s) + 2\,HCl(aq) \longrightarrow H_2(g) + MgCl_2(aq)$$

Zwei verschiedene Versuchsdurchführungen sind möglich:

1 In dem über den geöffneten Hahn an der Apparatur angeschlossenen Kolbenprober kann sich das Volumen durch Verschiebung des Kolbens ändern, der Druck bleibt dabei konstant.

2 Bei geschlossenem Hahn bleibt das Volumen konstant, der Druck in der Apparatur ändert sich durch die Bildung des Gases.

Betrachtet man diese beiden Fälle unter energetischen Gesichtspunkten, so findet man bemerkenswerte Unterschiede:

1 Bei konstantem Druck verschiebt der entstehende Wasserstoff den Kolben gegen den Umgebungsdruck p nach außen. Das System verrichtet die **Volumenarbeit** W. Die Änderung der inneren Energie ΔU setzt sich im Falle des bei konstantem Druck ablaufenden Versuches aus zwei Anteilen zusammen, der umgesetzten Wärmemenge Q und der verrichteten Volumenarbeit W:

$\Delta U = U_2 - U_1 = Q + W$ (Druck p konstant)

2 Läuft die Reaktion bei konstantem Volumen ab, bei geschlossenem Hahn also, dann wird keine Arbeit verrichtet und es gilt:

$\Delta U = U_2 - U_1 = Q$ (Volumen V konstant)

3.2 Die Enthalpie

In der Praxis werden die meisten chemischen Reaktionen nicht bei konstantem Volumen, sondern bei konstantem Druck durchgeführt. Wenn sich das Volumen dabei ändert, wird Arbeit verrichtet. Für die Betrachtung von chemischen Reaktionen bei konstantem Druck ist aus praktischen Gründen die **Enthalpie** H eingeführt worden.

Die Änderung der **Enthalpie** entspricht der bei **konstantem Druck** abgegebenen oder aufgenommenen Wärmemenge: $\Delta H = Q$.

ΔH wird als Reaktionsenthalpie bezeichnet. Zur Bestimmung von ΔH muss nur die Reaktionswärme gemessen werden, wobei darauf zu achten ist, dass der Druck konstant bleibt.
Für die Änderung der inneren Energie wurde bereits die folgende Gleichung aufgestellt:

$\Delta U = Q + W$

Setzt man $\Delta H = Q$ und formt um, so ergibt sich der Zusammenhang zwischen Reaktionsenthalpie und Änderung der inneren Energie für jede bei konstantem Druck ablaufende Reaktion:

$\Delta H = \Delta U - W$ (p konstant)

$\Delta H = Q$ (p konstant), $\Delta U = Q + W$ und $\Delta U = Q$ (V konstant) sind nichts anderes als mathematische Formulierungen des Energieerhaltungssatzes für verschiedene Reaktionsbedingungen. Wird bei einer Reaktion auch Strahlung emittiert oder sogar elektrische Arbeit verrichtet wie bei einem galvanischen Element (siehe S. 93), lautet der Energieerhaltungssatz:

$\Delta U = Q + W + W(\text{Strahlung}) + W(\text{elektrisch}) + \ldots$

Für alle bei konstantem Druck ablaufenden Reaktionen ist also die Enthalpie die zweckmäßige Energiegröße.

Auch der Übergang von einem **Aggregatzustand** in einen anderen ist mit einer Enthalpieänderung verbunden:

1 Um einen flüssigen Reinstoff zu verdampfen, benötigt man Energie zur räumlichen Trennung durch Überwindung der Anziehungskräfte zwischen den Teilchen. Bestimmt man die bei konstantem Druck zur Verdampfung benötigte Wärme, so erhält man die **Verdampfungsenthalpie** ΔH_V.
Bei der Kondensation, d. h. dem umgekehrten Vorgang, wird eine gleich große Wärmemenge an die Umgebung abgegeben.
Die Verdampfungsenthalpie ist von der Stoffmenge der Stoffportion abhängig. In Tabellen werden daher stoffmengenbezogene Werte in $kJ \cdot mol^{-1}$ angegeben.

2 Wenn ein fester Reinstoff bei konstantem Druck geschmolzen wird, so benötigt man zur Überführung des geordneten Teilchenverbands in den Zustand der Flüssigkeit mit ungeordneter Teilchenbewegung die **Schmelzenthalpie** ΔH_S. Beim umgekehrten Vorgang, der Erstarrung einer Schmelze, wird die Schmelzenthalpie an die Umgebung abgegeben.

Messung von Verbrennungsenthalpien

Viele Reaktionen werden nur durchgeführt, um ihre Reaktionswärme nutzbar zu machen. So verbrennt man fossile Energieträger wie Kohle, Erdgas oder Erdöl zur Deckung des riesigen Energiebedarfs der modernen Industrie- und Dienstleistungsgesellschaft.

Abb. 8 zeigt ein **Verbrennungskalorimeter**. Ein fester Brennstoff, z. B. ein Stück Holzkohle, wird abgewogen, zum Glühen gebracht und in den Drahtkorb gelegt. Dort verglüht er langsam im Sauerstoffstrom, wobei die abgegebene Wärme Q zu einer Temperaturerhöhung im Kalorimeter führt.

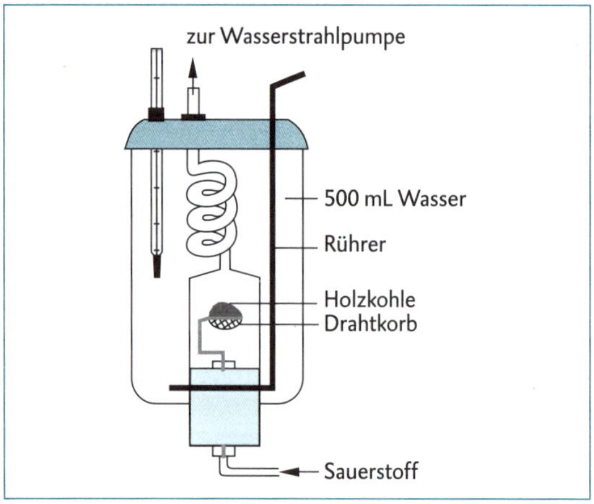

Abb. 8: Aufbau eines Verbrennungskalorimeters

Beispiel

Die Verbrennung einer Stoffportion Schwefel wird in einem Verbrennungskalorimeter durchgeführt. Folgende Daten sind bekannt:

Wärmekapazität des Kalorimeters:	$c(\text{Kal}) = 554\ \text{J} \cdot \text{K}^{-1}$
Masse des Wassers:	$m(H_2O) = 800\ \text{g}$
Masse des verbrannten Schwefels	$m(\text{Schwefel}) = 3{,}54\ \text{g}$.

Aus dem Temperatur-Zeit-Diagramm wird eine Temperaturdifferenz von $\Delta\vartheta = 8{,}2\ °\text{C}$ abgelesen. Die Berechnung der Verbrennungsenthalpie erfolgt mit der bereits besprochenen Formel. Da die Reaktion exotherm ist, erhält ΔH ein negatives Vorzeichen:

$$\Delta H = -[C(H_2O) \cdot m(H_2O) + c(\text{Kal})] \cdot \Delta T = -(4{,}19\ \text{J} \cdot \text{K}^{-1} \cdot \text{g}^{-1} \cdot 800\ \text{g} + 554\ \text{J} \cdot \text{K}^{-1}) \cdot 8{,}2\ \text{K}$$
$$= -32\ \text{kJ}$$

Bezieht man ΔH auf die Stoffmenge $n = 1$ mol, so erhält man die **molare Verbrennungsenthalpie** ΔH_m:

$$\Delta H_m = \Delta H \cdot n^{-1} \qquad \text{Einheit: } [\Delta H_m] = 1\ \text{kJ} \cdot \text{mol}^{-1}$$

Mit $n(\text{Schwefel}) = \dfrac{m(\text{Schwefel})}{M(\text{Schwefel})} = \dfrac{3{,}54\ \text{g}}{32\ \text{g} \cdot \text{mol}^{-1}}$ ergibt sich:

$$\Delta H_m = \frac{-32\ \text{kJ}}{3{,}54\ \text{g}} \cdot 32\ \text{g} \cdot \text{mol}^{-1} \approx -290\ \text{kJ} \cdot \text{mol}^{-1}$$

Der Literaturwert für Schwefel beträgt $\Delta H_m = -296\ \text{kJ} \cdot \text{mol}^{-1}$. Der Fehler ist darauf zurückzuführen, dass das bei der Verbrennung entstehende Gas das Kalorimeter mit etwas erhöhter Temperatur verlässt.

3.3 Bildungsenthalpien

Da grundsätzlich nur Enthalpiedifferenzen gemessen werden können, muss man sich Gedanken über die Wahl eines geeigneten Bezugssystems machen. Den chemischen Elementen unter Standardbedingungen ($T = 298\ \text{K}$ bzw. $\vartheta = 25\ °\text{C}$; $p = 1\,013\ \text{hPa}$) wird die molare Enthalpie $0\ \text{kJ} \cdot \text{mol}^{-1}$ zugeordnet, sie sind damit für jede Verbindung als Bezugssystem festgelegt.

Unter der **Standardbildungsenthalpie** einer Verbindung versteht man die Enthalpieänderung, die bei der Synthese von $n = 1$ mol der Verbindung aus den Elementen unter Standardbedingungen gemessen wird.

In Tabellen wird die **molare Standardbildungsenthalpie** $\Delta H_B{}^0$ angegeben.[5] Das ist die auf $n = 1$ mol bezogene Standardbildungsenthalpie.

Beispiel

Für die Bildung von 1 mol Methanol aus den Elementen gilt:

$$C(s) + 2\,H_2(g) + 0{,}5\,O_2(g) \longrightarrow CH_3OH(g) \qquad \Delta H_B^0 = -201\ kJ \cdot mol^{-1}$$

Molare Standardbildungsenthalpien sind für viele Verbindungen bestimmt worden. Die Tabelle 17 im Anhang dieses Buches enthält diese Werte für die wichtigsten Verbindungen (siehe S. 173 f.). Mithilfe der molaren Standardbildungsenthalpien lassen sich die **Reaktionsenthalpien** ΔH beliebiger chemischer Reaktionen auf einfache Weise berechnen. Wie das geschieht, wird im Folgenden gezeigt.

3.4 Der Satz von HESS

Viele Reaktionsprodukte können auf unterschiedlichen Reaktionswegen erhalten werden.

Beispiel

Eine Kochsalzlösung kann man z. B. auf zwei verschiedenen Wegen aus festem Natriumhydroxid und Salzsäure erhalten:

1 Man löst festes Natriumhydroxid in Wasser, dabei bildet sich Natronlauge:

$$NaOH(s) \longrightarrow Na^+(aq) + OH^-(aq) \qquad \Delta H_1$$

Diese kann anschließend mit Salzsäure neutralisiert werden:

$$Na^+(aq) + OH^-(aq) + H_3O^+(aq) + Cl^-(aq) \longrightarrow 2\,H_2O(l) + Na^+(aq) + Cl^-(aq) \qquad \Delta H_2$$

2 Man gibt festes Natriumhydroxid in Salzsäure:

$$NaOH(s) + H_3O^+(aq) + Cl^-(aq) \longrightarrow 2\,H_2O(l) + Na^+(aq) + Cl^-(aq) \qquad \Delta H_3$$

In allen solchen Fällen zeigt sich: Wenn die Ausgangs- und Endprodukte bei beiden Reaktionswegen gleich sind, ist die Summe der Reaktionsenthalpien der Teilschritte gleich der Reaktionsenthalpie der Gesamtreaktion. Diese Beobachtung ist im **Satz von HESS** zusammengefasst, den der Chemiker Germain Henri HESS (1802–1850) im Jahr 1840 aufgestellt hat. Heute formuliert man ihn so:

Die Enthalpieänderung bei einer chemischen Reaktion ist **unabhängig vom Reaktionsweg.**

5 Verwendet werden auch andere, noch schwerfälligere Symbole wie $\Delta_B H_m^0$ oder $\Delta H_{f,m}$. Das wie eine Hochzahl geschriebene Zeichen ^{0} betont, dass es sich um die Werte für Standardbedingungen handelt.

Mathematisch formuliert lautet der Satz für die zuvor beschriebene Synthese von Kochsalzlösung:

$$\Delta H_3 = \Delta H_1 + \Delta H_2$$

Der Satz von Hess folgt aus dem Energieerhaltungssatz (erster Hauptsatz der Thermodynamik). Dieser wurde aber erst 1847 von Hermann von Helmholtz (1821–1894) aufgestellt.

Zerlegung von Reaktionen in Teilschritte

Mithilfe des Satzes von Hess lassen sich auch Reaktionsenthalpien berechnen, die experimentell nicht oder nur schwer bestimmbar sind.

Beispiel

Die Reaktionsenthalpie für die Verbrennung von Kohlenstoff zu Kohlenstoffmonooxid ist nicht direkt messbar:

$$C(s) + 0{,}5\,O_2(g) \longrightarrow CO(g) \qquad \Delta H_1 \qquad (1)$$

Leicht zugänglich dagegen ist die Reaktionsenthalpie bei der Verbrennung von Kohlenstoff zu Kohlenstoffdioxid

$$C(s) + O_2(g) \longrightarrow CO_2(g) \qquad \Delta H_2 = -394\,\text{kJ}\ [6] \qquad (2)$$

und die Reaktionsenthalpie bei der Oxidation von Kohlenstoffmonooxid zu Kohlenstoffdioxid:

$$CO(s) + 0{,}5\,O_2(g) \longrightarrow CO_2(g) \qquad \Delta H_3 = -283\,\text{kJ} \qquad (3)$$

Nach dem Energieerhaltungssatz ergibt sich demnach folgendes Enthalpiediagramm:

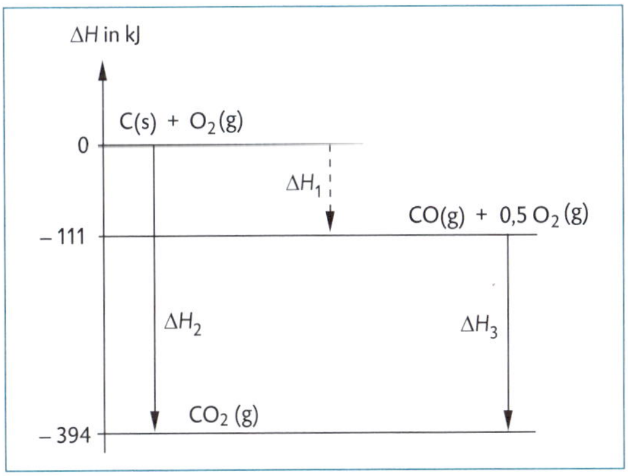

Abb. 9: Enthalpiediagramm für die Bildung von Kohlenstoffmonoxid und Kohlenstoffdioxid aus Kohlenstoff und Sauerstoff.

6 Reaktionsenthalpien werden in kJ angegeben. Sie gelten für einen Stoffumsatz entsprechend der Reaktionsgleichung. In diesem Fall also für 1 mol Kohlenstoff und 0,5 mol Sauerstoff. Einen solchen Stoffumsatz bezeichnet man als Formelumsatz.

Da sich die Gleichung 2 additiv aus Gleichung 1 und 3 ergibt, gilt für die Enthalpie der Reaktion 1, bezogen auf einen Formelumsatz:

$$\Delta H_2 = \Delta H_1 + \Delta H_3$$

oder

$$\Delta H_1 = \Delta H_2 - \Delta H_3 = -394\,\text{kJ} - (-283\,\text{kJ}) = -111\,\text{kJ}$$

Berechnung von Reaktionsenthalpien

Die wichtigste Anwendung des Satzes von HESS ergibt sich im Zusammenhang mit den schon besprochenen Standard-Bildungsenthalpien. Mit diesen Bildungsenthalpien kann man die Reaktionsenthalpien für beliebige Reaktionen berechnen. Dazu wird jede Reaktion gedanklich in zwei Teilschritte zerlegt:
1. Spaltung der Ausgangsstoffe in die chemischen Elemente
2. Synthese der Produkte aus den chemischen Elementen

Die Summe der Reaktionsenthalpien der beiden Teilschritte muss die Reaktionsenthalpie der Gesamtreaktion ergeben. Nach dem Energieerhaltungssatz kommt es dabei überhaupt nicht darauf an, ob die Reaktion tatsächlich über diesen Zwischenschritt verläuft oder nicht.

Beispiel

Als Beispiel soll die in der Technik wichtige Verbrennung von Ammoniak mit Luftsauerstoff dienen. Die molaren Bildungsenthalpien werden der Tabelle 17 auf S. 173 f. im Anhang des Buches entnommen und unter den Formeln notiert:

$$4\,NH_3(g) + 5\,O_2(g) \longrightarrow 4\,NO(g) + 6\,H_2O(l)$$

$$-46{,}2 \qquad 0 \qquad\qquad 90{,}4 \qquad -285{,}85 \qquad\qquad \Delta H_B^0 \text{ in kJ}\cdot\text{mol}^{-1}$$

Teilschritt 1 ist die Spaltung der Ausgangsstoffe in die chemischen Elemente:

$$4\,NH_3(g) + 5\,O_2(g) \longrightarrow 2\,N_2(g) + 6\,H_2(g) + 5\,O_2(g) \qquad \Delta H_1$$

Da bei einem Formelumsatz $n = 4$ mol Ammoniak in die Elemente gespalten werden müssen, gilt:

$$\Delta H_1 = -4\,\text{mol} \cdot (-46{,}2\,\text{kJ} \cdot \text{mol}^{-1}) = +184{,}8\,\text{kJ}$$

Man beachte den Vorzeichenwechsel: Die Synthese von Ammoniak aus den Elementen ist eine exotherme Reaktion, die Spaltung endotherm.

Teilschritt 2 ist die Synthese der Produkte aus den chemischen Elementen:

$$2\,N_2(g) + 6\,H_2(g) + 5\,O_2(g) \longrightarrow 4\,NO(g) + 6\,H_2O(l) \qquad \Delta H_2$$

$$\Delta H_2 = 4\,\text{mol} \cdot 90{,}4\,\text{kJ} \cdot \text{mol}^{-1} + 6\,\text{mol} \cdot (-285{,}85\,\text{kJ} \cdot \text{mol}^{-1}) = -1\,353{,}5\,\text{kJ}$$

Für die Gesamtreaktion gilt nach dem Energieerhaltungssatz:

$$\Delta H = \Delta H_1 + \Delta H_2 = 184{,}8\,\text{kJ} + (-1\,353{,}5\,\text{kJ}) \approx -1\,169\,\text{kJ}$$

Die Reaktionsenthalpie für die Verbrennung von 4 mol Ammoniak mit Sauerstoff beträgt $\Delta H = -1\,169$ kJ.
Solche Berechnungen können auch nach einer etwas umständlichen, allgemeinen Formel erfolgen. Dabei bedeutet das Symbol $\sum$, dass eine Summe berechnet werden muss. n steht für die Stoffmengen, ΔH_B^0 für die molaren Bildungsenthalpien der Reaktionspartner unter Standardbedingungen:

$$\Delta H = \sum_{i=1}^{k} n_i \cdot \Delta H_B^0\,(\text{Produkt})_i - \sum_{i=1}^{k} n_i \cdot \Delta H_B^0\,(\text{Ausgangsstoff})_i$$

Da in Laboratorien und Industriebetrieben Temperaturen und Drücke herrschen, die etwa den Standardbedingungen entsprechen, sind diese Ergebnisse von großem praktischen Nutzen. Liegen davon abweichende Reaktionsbedingungen vor, so haben die Berechnungen nur näherungsweise Gültigkeit.
Allein aus Sicherheitsaspekten sollten die Reaktionen eigentlich nie ohne Berücksichtigung der energetischen Effekte eingeleitet werden. So kann die oben besprochene Verbrennung von Ammoniak mit Sauerstoff wegen der großen frei werdenden Wärme zu schweren Detonationen führen.

4 Die Entropie und der zweite Hauptsatz der Thermodynamik

4.1 Ordnung im System

In den vorhergehenden Abschnitten wurde besprochen, wie Reaktionsenthalpien gemessen oder auf einfache Weise aus Tabellenwerten berechnet werden können. Reaktionsenthalpien ermöglichen allerdings keine Vorhersage, ob eine Reaktion abläuft oder nicht.

Beispiele

- Natrium reagiert spontan mit Wasser in stark exothermer Reaktion unter Bildung von Wasserstoff und Natriumhydroxid-Lösung.
- Thionylchlorid bildet mit kristallwasserhaltigem, rotem Cobalt(II)-chlorid mit stürmischer Gasentwicklung das blaue, wasserfreie Cobalt(II)-chlorid. Diese Reaktion ist so stark endotherm, dass sich außen am Reagenzglas Eis bilden kann.

Zur Beantwortung der Frage, welche Größe bestimmt, ob eine Reaktion **spontan** abläuft oder nicht, betrachtet man zunächst zwei sehr einfache Fälle:

- Bekanntlich nimmt ein Gas immer spontan den gesamten zur Verfügung stehenden Raum ein.
- Zwei Portionen verschiedener Gase vermischen sich. Diesen Vorgang kennt man unter der Bezeichnung „Diffusion".

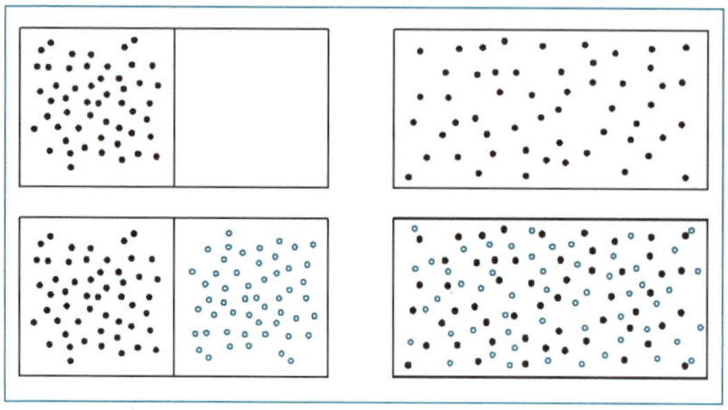

Abb. 10: Gasexpansion (oben) und Vermischung zweier Gase (unten) jeweils nach Entfernung der Trennwand zwischen den beiden Kammern

Der Grund für dieses Verhalten ist leicht einzusehen: Selbst kleinste Stoffportionen bestehen aus sehr vielen Teilchen, die sich je nach Aggregatzustand des Stoffes mehr oder weniger schnell bewegen. Für solche Ansammlungen von Teilchen gelten die **Gesetze der Wahrscheinlichkeitsrechnung**, also der **Stochastik**. Diese liefern die Antwort auf die zuvor gestellte Frage nach der für den spontanen Ablauf einer chemischen Reaktion bestimmenden Größe: Beiden Vorgängen ist gemeinsam, dass der Endzustand wesentlich wahrscheinlicher ist als der Ausgangszustand.

Beispiel

Ein ähnlicher Effekt bewirkt das Zusammenziehen eines Gummibandes (Kautschuk). Im gespannten Zustand liegen die Moleküle des Kautschuks mehr oder weniger parallel zueinander, im entspannten Zustand sind sie stark verknäuelt. Auch in diesem Fall stellt sich der wahrscheinlichere Zustand ein.

Für die Verteilung der Moleküle eines Gases im Raum kann man die Wahrscheinlichkeit für jeden beliebigen Zustand auf einfache Weise berechnen. Unter der **Wahrscheinlichkeit** w versteht man die Anzahl der im Sinne der Fragestellung günstigen Fälle, dividiert durch die Anzahl der möglichen Fälle:

$$w = \frac{\text{Anzahl der günstigen Fälle}}{\text{Anzahl der möglichen Fälle}}$$

Besteht die Gasportion nur aus zwei Molekülen A und B, so existieren die in der folgenden Tabelle dargestellten Verteilungsmöglichkeiten. Die Wahrscheinlichkeit, beide Moleküle in der linken Hälfte des Gefäßes anzutreffen, beträgt:

links	rechts
A, B	
A	B
B	A
	A, B

$$w(2) = \frac{\text{Anzahl der günstigen Fälle}}{\text{Anzahl der möglichen Fälle}} = \frac{1}{4} = \frac{1}{2^2}$$

Bei drei Molekülen A, B und C sinkt die Chance, alle drei in der linken Hälfte des Gefäßes anzutreffen, schon beträchtlich:

links	rechts
A, B, C	
A	B, C
B	A, C
C	A, B
B, C	A
A, C	B
A, B	C
	A, B, C

$$w(3) = \frac{\text{Anzahl der günstigen Fälle}}{\text{Anzahl der möglichen Fälle}} = \frac{1}{8} = \frac{1}{2^3}$$

Hier wird bereits deutlich, dass eine annähernd gleichmäßige Verteilung der Gasmoleküle auf die beiden Hälften des Raumes erheblich wahrscheinlicher ist als der Extremzustand. Man sagt, diese Verteilung besitzt mehr **Realisierungsmöglichkeiten**.

Da selbst kleinste Gasportionen aus außerordentlich vielen Teilchen bestehen, ist ihre Verteilung auf nur eine Hälfte des zur Verfügung stehenden Raumes extrem unwahrscheinlich. Für 1 mol eines beliebigen Gases gilt:

$$w(6 \cdot 10^{23}) = \frac{\text{Anzahl der günstigen Fälle}}{\text{Anzahl der möglichen Fälle}} = \frac{1}{2^{600\,000\,000\,000\,000\,000\,000\,000}}$$

Spontan stellt sich nur derjenige Zustand ein, in dem die Anordnung der Teilchen die **größte Wahrscheinlichkeit** besitzt.

Der Zustand mit der größten Wahrscheinlichkeit ist auch der mit der **größten Unordnung**. Das System geht also in allen besprochenen Fällen von einem geordneten in einen ungeordneten Zustand über. Der Begriff „Unordnung" ist allerdings wissenschaftlich nicht klar definiert und sollte in diesem Zusammenhang nur verwendet werden, wenn Missverständnisse ausgeschlossen sind.

Beispiel

Vier 1 Euro-Münzen werden an vier Schüler ausgegeben, ein fünfter führt an der Tafel Protokoll. Die Münzen werden etliche Male gleichzeitig geworfen und es wird festgestellt, wie oft bei jedem Wurf Wappen (W) und Zahl (Z) oben liegen. Eine erste Vermutung ergibt vielleicht, dass die vier möglichen

Kombinationen WWWW, WWWZ, WWZZ, WZZZ und ZZZZ gleich oft vorkommen. Tatsächlich zeigt sich nach kurzer Zeit, dass die Kombination WWZZ am häufigsten geworfen wird. Wie ist das zu erklären?
Mathematisch gesehen ist das Spiel identisch mit der besprochenen Verteilung der Moleküle eines Gases. Der Extremzustand, in dem sich alle Moleküle in der einen Hälfte des zur Verfügung stehenden Raumes befinden, ist am wenigsten wahrscheinlich. Auf die Münzen übertragen, müssten alle vier gleichzeitig so fallen, dass das Wappen oben liegt. Der Zustand gleicher Verteilung kann dagegen viel leichter erreicht werden. Bei vier Münzen gibt es dafür insgesamt sechs Möglichkeiten:

Wappen	Zahl
A, B	C, D
A, C	B, D
A, D	B, C
C, D	A, B
B, D	A, C
B, C	A, D

Man sagt auch, der **Makrozustand** WWZZ ist durch sechs verschiedene **Mikrozustände** erreichbar. Der Makrozustand WWWW kann dagegen nur erreicht werden, wenn alle Münzen gleichzeitig so fallen, dass das Wappen oben liegt.

4.2 Der Begriff der Entropie

Der Begriff **Entropie**[7] (Symbol: S) geht auf den Physiker Rudolf CLAUSIUS (1822–1888) zurück, der sich mit der Umkehrbarkeit spontan ablaufender Prozesse beschäftigte.

> In einem **abgeschlossenen System** kann ein beliebiger Vorgang nur dann ablaufen, wenn dabei die **Entropie zunimmt.**

Die Entropieänderung bestimmt also die Ablaufrichtung aller Naturvorgänge. Diese Aussage wird als **zweiter Hauptsatz der Thermodynamik** bezeichnet. Der Hinweis auf den Zusammenhang zwischen Entropie und Wahrscheinlichkeit[8] geht auf den Physiker Ludwig BOLTZMANN (1844–1906) zurück:

$$S = k \cdot \ln W$$

7 Die Bezeichnung ist abgeleitet von *entrepein* (griech.): „umkehren“
8 $\ln W$ ist der „natürliche“ Logarithmus, der sich von dem aus dem Mittelstufenunterricht bekannten Zehnerlogarithmus um den Faktor 2,303 unterscheidet: $\ln W = 2{,}303 \cdot \lg W$

Für die hierin verwendeten Symbole und die Einheit der Entropie gilt:

- *W* wird als **thermodynamische Wahrscheinlichkeit** bezeichnet. Im Gegensatz zur zuvor besprochenen Wahrscheinlichkeit *w* (siehe S. 34) verwendet man als Symbol den Großbuchstaben *W*, da es sich im allgemeinen Fall z. B. auch um die Wahrscheinlichkeit der Verteilung auf verschiedene Energiezustände oder um die Anordnungsmöglichkeiten von Teilchen im Gitter eines Feststoffes handeln kann.
- Die **Boltzmann-Konstante** *k* ist eine der wichtigsten Naturkonstanten und stellt den Quotienten aus der universellen Gaskonstante *R* und der Avogadro-Konstante N_A dar ($k = 1{,}38 \cdot 10^{-23}\ J \cdot K^{-1}$).
- Da der natürliche Logarithmus immer eine Zahl ist, besitzt die Entropie die gleiche Einheit wie die Boltzmann-Konstante: $[S] = 1$ Joule · Kelvin^{-1}

Aus der Boltzmann-Gleichung folgt:

Je wahrscheinlicher der Zustand eines Systems ist, desto größer ist auch die Entropie dieses Systems.

Mit sinkender Temperatur nimmt die Entropie einer Stoffportion ab. Beim absoluten Nullpunkt, also bei $T = 0$ K, liegt jeder Stoff im festen Aggregatzustand vor. Dann befinden sich seine Teilchen in einer sehr regelmäßigen und damit unwahrscheinlichen Anordnung. Sie unterscheiden sich auch nicht mehr bezüglich ihrer Schwingungsenergie, da jede Art von Teilchenbewegung zum Stillstand gekommen ist. Falls das Gitter des Feststoffs nur eine einzige Anordnungsmöglichkeit zulässt, gilt dann $W = 1$ und daraus folgt:

$$S = k \cdot \ln W = k \cdot \ln 1 = 0$$

Durch aufwändige Untersuchungen kennt man heute die Entropien sehr vieler Stoffe. In Tabellen (siehe Anhang, S. 173 f.) sind die molaren Entropien S_m^0 wichtiger Elemente und Verbindungen bei Standardbedingungen angegeben. Wie bei den Enthalpiewerten besprochen (siehe S. 30), weist das wie eine Hochzahl geschriebene Symbol ^{0} auf diese Bedingungen hin.

Beispiel

Mithilfe der Boltzmann-Gleichung soll die Entropieänderung für den Fall berechnet werden, dass 1 mol eines Gases spontan, z. B. durch Entfernen einer Trennwand, auf das doppelte Volumen expandiert. Der Endzustand ist in diesem Fall um den Faktor $2^{6 \cdot 10^{23}}$ wahrscheinlicher als der Ausgangszustand und es ergibt sich für die Entropiezunahme ΔS:

$$\Delta S = k \cdot \ln\left(\frac{2^{6 \cdot 10^{23}}}{1}\right) = 1{,}38 \cdot 10^{-23}\,\text{J} \cdot \text{K}^{-1} \cdot 6 \cdot 10^{23} \cdot \ln 2 = 5{,}74\,\text{J} \cdot \text{K}^{-1}$$

Die Entropiezunahme bei der Expansion eines Gases auf das doppelte Volumen beträgt also $\Delta S = 5{,}74\,\text{J} \cdot \text{K}^{-1}$.
(Da die Entropie auch von der Temperatur abhängt, gilt dieses Ergebnis nur für den Fall, dass die Temperatur konstant bleibt.)

4.3 Entropieänderungen

Entropieänderungen beobachtet man insbesondere bei Temperaturänderungen, Änderungen des Aggregatzustandes und bei chemischen Reaktionen, zu denen hier auch die Lösungsvorgänge gerechnet werden. Alle diese Zusammenhänge sind einfach zu erklären:

- Temperaturerhöhung bewirkt immer auch eine Erhöhung der Entropie einer Stoffportion. Das liegt daran, dass sich die durchschnittliche kinetische Energie der Teilchen erhöht. Es gibt dann mehr Verteilungsmöglichkeiten dieser Energie auf die einzelnen Teilchen.
- Die Übergänge „fest → flüssig" und „flüssig → gasförmig" sind jeweils mit einem sprunghaften Anstieg der Entropie der Stoffportion verbunden. Die Anordnung der Teilchen im Feststoff ist durch eine hohe Ordnung gekennzeichnet. Sie ist damit viel weniger wahrscheinlich als die Anordnung der Teilchen in der Flüssigkeit, die dort in ziemlich lockerem Verbund weitgehend verschiebbar sind. Noch deutlicher ist dieser Unterschied beim Übergang „flüssig → gasförmig". Eine besonders große Entropiezunahme beobachtet man bei der **Sublimation**, also beim direkten Übergang „fest → gasförmig".

Beispiel

Diese Zusammenhänge zeigen sich auch bei Betrachtung der Tabellenwerte (siehe S. 173 f.):
Wasserdampf H_2O (g) hat mit $S^0_m = 188{,}7\,\text{J} \cdot \text{K}^{-1} \cdot \text{mol}^{-1}$ eine wesentlich größere molare Entropie als flüssiges Wasser mit $S^0_m = 69{,}94\,\text{J} \cdot \text{K}^{-1} \cdot \text{mol}^{-1}$.
Entsprechendes gilt für Brom in flüssigem und in gasförmigem Zustand.

- Bei chemischen Reaktionen sind die Unterschiede am stärksten ausgeprägt. Dort können aus Feststoffen Flüssigkeiten und/oder Gase entstehen, die Stoffmengen können sich ändern und vieles mehr.
  Verbunden mit einer Entropiezunahme sind insbesondere Reaktionen, bei denen aus Feststoffen Flüssigkeiten oder Gase entstehen oder sich die Anzahl der Teilchen gasförmiger Stoffe erhöht.

Beispiel

Bei der Verbrennung von Kohlenstoff zu Kohlenstoffmonooxid nimmt die Entropie zu,

$$2\,C(s) + O_2(g) \longrightarrow 2\,CO(g)$$

während sie bei der Bildung von Stickstoffmonooxid nach der Gleichung

$$N_2(g) + O_2(g) \longrightarrow 2\,NO(g)$$

praktisch konstant bleibt und bei der Ammoniak-Synthese abnimmt.

$$N_2(g) + 3\,H_2(g) \longrightarrow 2\,NH_3(g)$$

- **Lösevorgänge**, z. B. das Auflösen von Kochsalz in Wasser, sind fast immer mit einer Zunahme der Entropie verbunden, weil das Ionengitter des Salzes eine regelmäßige und damit unwahrscheinliche Anordnung der Teilchen darstellt, die beim Auflösen verloren geht.

4.4 Berechnung von Reaktionsentropien

Die Berechnung von Reaktionsentropien erfolgt analog der Berechnung von Reaktionsenthalpien. Benötigt werden dazu die **molaren Entropien** S_m. Im Anhang dieses Buches sind diese Werte für Standardbedingungen sowie eine allgemeine Rechenvorschrift angegeben (siehe S. 173 f.). Alle Berechnungen werden nach dem gleichen Schema durchgeführt. Zuerst wird die Reaktionsgleichung aufgestellt, dann werden die Tabellenwerte entnommen und unter die entsprechenden Formeln geschrieben. Die Berechnung erfolgt durch eine Differenzbildung: Die Summe der Entropien aller Ausgangsstoff-Portionen wird von der Summe der Entropien aller Endstoff-Portionen abgezogen.

Beispiel 1

Berechnen Sie die Reaktionsentropie für die Synthese von 1 mol Wasser aus Wasserstoff und Sauerstoff bei Standardbedingungen. Interpretieren Sie das Ergebnis dieser Rechnung.

Lösung:

$2\,H_2(g)$	+ $O_2(g)$	$\longrightarrow$	$2\,H_2O(l)$	
130,6	205,0		69,94	S_m^0 in $J \cdot K^{-1} \cdot mol^{-1}$

Die Berechnung [9] ergibt:

$$\Delta S = 2\,mol \cdot 69{,}94\,J \cdot K^{-1} \cdot mol^{-1} - (2\,mol \cdot 130{,}6\,J \cdot K^{-1} \cdot mol^{-1} + 1\,mol \cdot 205{,}0\,J \cdot K^{-1} \cdot mol^{-1})$$
$$= -326{,}32\,J \cdot K^{-1}$$

9 Als Symbol für die Reaktionsentropie verwendet man in der Regel ΔS. Ob tatsächlich Standardbedingungen vorliegen, ergibt sich aus dem Zusammenhang. Bei Reaktionsbedingungen, die davon abweichen, sind die Ergebnisse nur näherungsweise gültig.

Für 1 mol Wasser ist die Reaktionsentropie dann genau halb so groß:

$$\Delta S \approx -163\ \mathrm{J \cdot K^{-1}}$$

Bei dieser Reaktion nimmt die Entropie ab. Aus den gasförmigen Stoffen Wasserstoff und Sauerstoff entsteht flüssiges Wasser. Dabei kommt es zu einer Verringerung des Volumens und der Anzahl der Teilchen. Deren Anordnung ist, bedingt durch die Wasserstoffbrücken, außerdem regelmäßig und damit viel weniger wahrscheinlich als die der Moleküle der gasförmigen Ausgangsstoffe.

Beispiel 2 Berechnen Sie die Reaktionsentropie für das Auflösen von 1 mol Natriumchlorid in Wasser. Liefern Sie eine anschauliche Begründung für das Ergebnis Ihrer Rechnung[10].

Lösung:

$$\mathrm{NaCl\,(s)} \longrightarrow \mathrm{Na^+\,(aq)} + \mathrm{Cl^-\,(aq)}$$

72,4	60,2	55,2	S_m^0 in $\mathrm{J \cdot K^{-1} \cdot mol^{-1}}$

$$\Delta S = 1\ \mathrm{mol} \cdot 60{,}2\ \mathrm{J \cdot K^{-1} \cdot mol^{-1}} + 1\ \mathrm{mol} \cdot 55{,}2\ \mathrm{J \cdot K^{-1} \cdot mol^{-1}} - 1\ \mathrm{mol} \cdot 72{,}4\ \mathrm{J \cdot K^{-1} \cdot mol^{-1}} = 43\ \mathrm{J \cdot K^{-1}}$$

Bei diesem Lösevorgang nimmt die Entropie zu. Das Ionengitter des Natriumchlorids ist ein hoch geordneter und daher sehr unwahrscheinlicher Zustand der Teilchen. In der Lösung sind die Teilchen beweglich, vergleichbar mit den Molekülen eines Gases. Obwohl die Wassermoleküle um die Ionen herum durch Anziehungskräfte gut geordnet sind, besitzt der Zustand insgesamt ein geringeres Maß an Ordnung.

4.5 Die Richtung chemischer Reaktionen und die freie Enthalpie

Durch den zweiten Hauptsatz der Thermodynamik ist die Frage nach der notwendigen Bedingung für einen spontanen Reaktionsablauf grundsätzlich beantwortet. In einem isolierten (abgeschlossenen) System kann eine Reaktion nur dann ablaufen, wenn die Entropie dabei insgesamt zunimmt. Die Teilchen im ganzen System müssen also nach der Reaktion einen Zustand größerer Wahrscheinlichkeit besitzen als vorher. In Teilbereichen solcher Systeme können aber sehr wohl Vorgänge ablaufen, bei denen die Entropie abnimmt. Daher eignet sich der zweite Hauptsatz allein nicht zur Vorhersage von Reaktionsabläufen.

10 Wassermoleküle werden nur zur Hydratisierung der Ionen benötigt, daher erscheinen sie nicht in den Reaktionsgleichungen für Lösevorgänge.

Reaktionen laufen fast immer in geschlossenen Systemen ab. Diese ermöglichen Energieaustausch, aber keinen Austausch von Materie mit der Umgebung (siehe S. 22). Allerdings bilden Reaktionsgefäß und Umgebung insgesamt ein abgeschlossenes System:

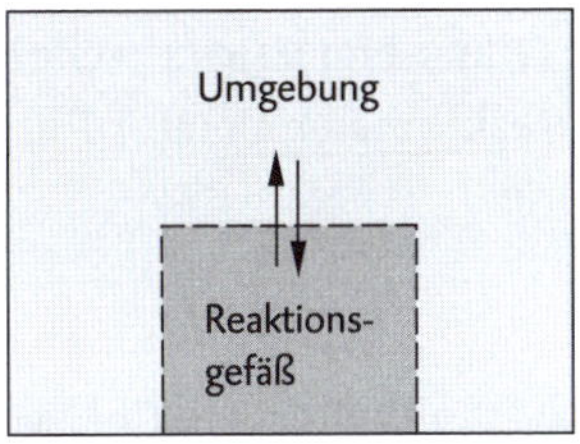

Abb. 11: Reaktionsgefäß und Umgebung bilden zusammen ein abgeschlossenes System

Beachtet man, dass Wärmezufuhr stets zu einer Erhöhung der Entropie führt, so erhält man sofort die notwendige Bedingung für einen Reaktionsablauf in einem geschlossenen System, also z. B. in einem Reaktionsgefäß. Da sowohl die Reaktionsenthalpie ΔH als auch die Reaktionsentropie ΔS ein positives oder negatives Vorzeichen haben können, ergeben sich insgesamt vier Kombinationsmöglichkeiten, durch die entschieden wird, ob eine Reaktion in einem **geschlossenen System** ablaufen kann:

1. $\Delta H < 0$ und $\Delta S > 0$: Diese Reaktion wird spontan ablaufen. Im Reaktionsgefäß nimmt die Entropie zu. In der Umgebung nimmt sie ebenfalls zu. Dafür sorgt die abgegebene Wärme.
2. $\Delta H > 0$ und $\Delta S < 0$: Diese Reaktion wird nicht spontan ablaufen. Im Reaktionsgefäß würde die Entropie abnehmen und in der Umgebung ebenfalls, weil ihr Wärme entzogen wird.

Schwieriger ist die Entscheidung für die beiden folgenden Kombinationsmöglichkeiten:

3. $\Delta H < 0$ und $\Delta S < 0$: Diese Kombination hat zur Folge, dass die Entropie im Reaktionsgefäß abnimmt und in der Umgebung zunimmt. Die Reaktion wird ablaufen, wenn die Entropiezunahme in der Umgebung größer ist als die Entropieabnahme im Reaktionsgefäß.
4. $\Delta H > 0$ und $\Delta S > 0$: Die Entropie im Reaktionsgefäß nimmt zu, in der Umgebung nimmt sie ab. Die Reaktion wird ablaufen, wenn die Entropie im Reaktionsgefäß stärker zunimmt, als sie in der Umgebung abnimmt.

Eine quantitative Aussage ermöglicht die von Josiah Willard GIBBS (1839–1903) eingeführte **freie Enthalpie** (Symbol G):

$$G = H - T \cdot S$$

Sie verknüpft die Größen Enthalpie, Entropie und absolute Temperatur T miteinander. Eine entsprechende Gleichung gilt auch für die Änderung dieser Größen, sie ist unter der Bezeichnung **GIBBS-HELMHOLTZ-Gleichung** bekannt. Für beliebige Vorgänge, die bei der Reaktionstemperatur T und konstantem Druck p ablaufen, lautet diese Beziehung:

$$\Delta G = \Delta H - T \cdot \Delta S$$

Eine Reaktion läuft spontan ab, wenn die **freie Reaktionsenthalpie ΔG** ein negatives Vorzeichen besitzt. Eine solche Reaktion nennt man **exergonisch**. Eine Reaktion mit $\Delta G > 0$ kann nicht freiwillig ablaufen. Sie heißt **endergonisch**.

Die GIBBS-HELMHOLTZ-Gleichung ermöglicht vor allem die Entscheidung in den zuvor genannten Fällen 3 und 4. Sie zeigt, dass der Entropieterm mit zunehmender Temperatur immer größere Bedeutung erlangt. Eine Reaktion mit $\Delta H < 0$ und $\Delta S < 0$ wird also nur bei niedrigen Temperaturen ablaufen können. Eine Reaktion mit $\Delta H > 0$ und $\Delta S > 0$ nur bei hohen Temperaturen.

Da man Reaktionsenthalpien und Reaktionsentropien berechnen kann, besitzt man mit der GIBBS-HELMHOLTZ-Gleichung ein sehr leistungsfähiges Werkzeug zur Vorhersage möglicher Reaktionen bzw. der dafür erforderlichen Reaktionsbedingungen.

Beispiel 1 In Zeiten knapper werdender Vorräte an Erdgas und Erdöl könnte auf ein altes Verfahren zur Gewinnung von Wasserstoff aus Kohlenstoff (Kohle) und Wasserdampf zurückgegriffen werden:

$C(s)$	$+ H_2O(g)$	$\longrightarrow$	$CO(g)$	$+ H_2(g)$	
0	–241,8		–110,5	0	ΔH_B^0 in $kJ \cdot mol^{-1}$
5,69	188,7		197,9	130,6	S_m^0 in $J \cdot K^{-1} \cdot mol^{-1}$

Beurteilen Sie, bei welchen Bedingungen die Synthese aussichtsreich ist.

Lösung:
Aus den oben genannten Werten erhält man für einen Formelumsatz gemäß der angegebenen Reaktionsgleichung:

$$\Delta H = 131{,}3\ kJ$$
$$\Delta S = 134{,}1\ J \cdot K^{-1}$$

Die Reaktion ist endotherm, aber mit einer Entropiezunahme verbunden. Sie wird entsprechend der GIBBS-HELMHOLTZ-Gleichung also bei niedrigen Temperaturen endergonisch, bei hohen Temperaturen exergonisch sein. Der Vorzeichenwechsel von ΔG erfolgt bei:

$$T = \frac{\Delta H}{\Delta S} = \frac{131{,}3\,\text{kJ}}{0{,}1341\,\text{kJ}} \approx 980\,\text{K} \approx 700\,°\text{C}$$

Man muss also bei Temperaturen von über 700 °C arbeiten.
(*Hinweis:* für diese Berechnung wurden die für Standardbedingungen angegebenen Tabellenwerte verwendet. Da die Ausgangs- und Endstoffe in diesem Fall nicht bei Standardbedingungen vorliegen, dürfen keine sehr hohen Ansprüche an die Genauigkeit gestellt werden.)

Beispiel 2 Begründen Sie, warum die Synthese von Diamanten aus Graphit mit großen Problemen verbunden ist.

Lösung:

$$\text{C (s) (Graphit)} \longrightarrow \text{C (s) (Diamant)}$$

Ein Blick in die Tabelle 17 im Anhang (siehe S. 173 f.) zeigt, dass es sich um einen endothermen Vorgang handelt, bei dem die Entropie außerdem abnimmt. Diese Reaktion bleibt im ganzen Temperaturbereich schwach endergonisch. Die Chancen für eine erfolgreiche Synthese sind gering.
(*Hinweis:* Bei extremen Drücken und hohen Temperaturen hat man es dann doch geschafft. Wegen der hohen Kosten werden solche Experimente nicht ohne gründliche energetische Berechnungen gewagt. Das von uns verwendete Formelsystem ermöglicht für Bedingungen, die sehr weit von den Standardbedingungen entfernt sind, keine ausreichend präzisen Aussagen.)

4.6 Metastabile Zustände

Die besprochenen Grundlagen der chemischen Energetik lassen Aussagen über „Wärmeffekte" bei Reaktionen und ihren möglichen Ablauf zu. Die Frage nach der **Reaktionsgeschwindigkeit** bleibt dabei leider unbeantwortet. Da die Reaktionsgeschwindigkeit grundsätzlich mit zunehmender Temperatur ansteigt, spielt das bei höheren Temperaturen praktisch keine Rolle. Dieser Effekt ist sogar enorm groß. In der Regel verdoppelt sich die Reaktionsgeschwindigkeit bei einer Erhöhung der Temperatur um 10 K (RGT-Regel[11]). Bei einer Erhöhung um 50 K läuft eine Reaktion somit $2^5 = 32$-mal so schnell ab.

11 Reaktionsgeschwindigkeits-Temperatur-Regel

Bei niedrigen Temperaturen kommt es vor, dass eine exergonische Reaktion so langsam abläuft, dass man praktisch keinen Stoffumsatz beobachten kann.

Beispiel

Das als Bleich- und Desinfektionsmittel bekannte Wasserstoffperoxid H_2O_2 zerfällt in exothermer Reaktion nach folgender Gleichung:

$$2\,H_2O_2\,(l) \longrightarrow 2\,H_2O\,(l) + O_2\,(g)$$

Da bei der Reaktion das Gas Sauerstoff entsteht, ist sie mit einer Entropiezunahme verbunden. Es gilt also $\Delta H < 0$ und gleichzeitig $\Delta S > 0$ und nach der GIBBS-HELMHOLTZ-Gleichung $\Delta G = \Delta H - T \cdot \Delta S < 0$. Der Vorgang ist demnach exergonisch und Wasserstoffperoxid zerfällt unter Bildung von Wasser und Sauerstoff. Das läuft jedoch so langsam ab, dass man Wasserstoffperoxid sehr wohl längere Zeit lagern kann, vor allem, wenn es sich um eine verdünnte Lösung handelt. Diesen Zustand bezeichnet man als metastabil.

Ein **metastabiler Zustand** liegt vor, wenn eine exergonische, also eigentlich spontan ablaufende Reaktion, eine sehr geringe Reaktionsgeschwindigkeit besitzt.

Die **Reaktionsgeschwindigkeit** kann in solchen Fällen auf verschiedene Art erhöht werden. Ein Weg ist die Verwendung eines **Katalysators**; eine andere Möglichkeit zur Erhöhung der Reaktionsgeschwindigkeit ist die **Temperaturerhöhung**.

Beispiele

- Im Falle des Wasserstoffperoxids beschleunigen Edelmetalle wie z. B. Silber, die Verbindung Braunstein (MnO_2) oder die in Blut und Speichel vorkommende Katalase (ein Wasserstoffperoxid spaltendes Enzym) die Reaktion. Bei Zugabe dieser Stoffe spaltet Wasserstoffperoxid spontan Sauerstoff ab.
- Da die Spaltung von Wasserstoffperoxid exotherm ist, erhöht sich die Reaktionsgeschwindigkeit durch Hitzeentwicklung sehr stark, wenn die Zersetzung einmal in merklichem Umfang begonnen hat. Hoch konzentrierte Wasserstoffperoxid-Lösungen sind daher nicht unproblematisch.

Metastabile Zustände spielen in der **Biochemie** eine wichtige Rolle. Durch Enzyme (Biokatalysatoren) werden exergonische Reaktionen präzise gesteuert, sodass z. B. stets ausreichend Energie zur Aufrechterhaltung der Körpertemperatur und für den Bewegungsapparat zur Verfügung steht.
Der Grund für das Vorkommen metastabiler Zustände sind die so genannten „Aktivierungsbarrieren“ (**Aktivierungsenergien**). Damit Teilchen reagieren können, müssen fast immer erst Bindungen gespalten werden. Bei niedrigen Temperaturen sind nur wenige Teilchen so energiereich, dass dies möglich ist.

5 Chemisches Gleichgewicht und Energetik

Im vorhergehenden Kapitel wurde erläutert, dass eine Reaktion dann abläuft, wenn die freie Reaktionsenthalpie ΔG ein negatives Vorzeichen besitzt (siehe S. 42). Einen solchen Vorgang bezeichnet man als exergonisch. Dieser Fall soll genauer für die Synthese von Ammoniak aus den Elementen Stickstoff und Wasserstoff betrachtet werden:

$N_2(g)$ +	$3\,H_2(g)$ $\rightleftharpoons$	$2\,NH_3(g)$	
0	0	−46,2	ΔH^0_B in $kJ \cdot mol^{-1}$
191,5	130,6	192,5	ΔS^0_m in $J \cdot K^{-1} \cdot mol^{-1}$

Dazu berechnet man die freie Reaktionsenthalpie für verschiedene Temperaturen nach der GIBBS-HELMHOLTZ-Gleichung:

$$\Delta G = \Delta H - T \cdot \Delta S = -92{,}4 \cdot 10^3\,J - T \cdot \left(-198{,}3\,J \cdot K^{-1}\right)$$

Man erhält folgende Werte:

ϑ in °C	100	200	300	500
T in K	373	473	573	773
ΔG in kJ [12]	−18,4	+1,4	+21,2	+60,9
$\{K_p\}$ [13]	$3{,}8 \cdot 10^2$	0,7	$1{,}1 \cdot 10^{-2}$	$7{,}7 \cdot 10^{-5}$

Tab. 2: Die freie Reaktionsenthalpie der Ammoniaksynthese für verschiedene Temperaturen

Es zeigt sich, dass der Vorgang bei niedrigen Temperaturen exergonisch und bei hohen Temperaturen endergonisch verläuft. Da die Reaktion bei niedrigen Temperaturen zu langsam abläuft und bei hohen Temperaturen endergonisch wird, galt die Synthese bekanntlich zunächst als nicht durchführbar (siehe S. 14).

Wie erklärt man aber aus Sicht der chemischen Energetik, dass sich ein Gleichgewicht einstellt und die Synthese deswegen trotzdem möglich wird? Dazu muss man sich an die Grundlagen dieses Rechenverfahrens erinnern. Die Tabellenwerte gelten für Standardbedingungen, also in diesem Fall für ein mol reinen Stickstoff und drei mol reinen Wasserstoff als Ausgangsstoffe und zwei mol reines Ammoniak als Endstoff. Will man das auch in der Symbolik zum Ausdruck bringen, verwendet man ΔG^0 als Zeichen. Bei diesem ΔG^0 handelt es sich um die Differenz der freien Enthalpien der entstandenen Ammoniakportion und der Ausgangsstoff-Portionen Stickstoff und Wasserstoff.

12 Werte für einen Formelumsatz entsprechend der Reaktionsgleichung, also für zwei mol Ammoniak

13 Zahlenwert der Gleichgewichtskonstante, falls das Massenwirkungsgesetz mit den Partialdrücken in bar formuliert wird. Es gilt: 0,1 MPa = 1 bar

Denkt man sich den Vorgang in kleinen Schritten ablaufend, ergibt sich ein anderes Bild: Während der Reaktion entsteht in diesem Fall ein Gasgemisch. Da die Vermischung stets mit einer Zunahme der Entropie verbunden ist, ändert sich *G* während der Reaktion wie in der folgenden Abbildung dargestellt.

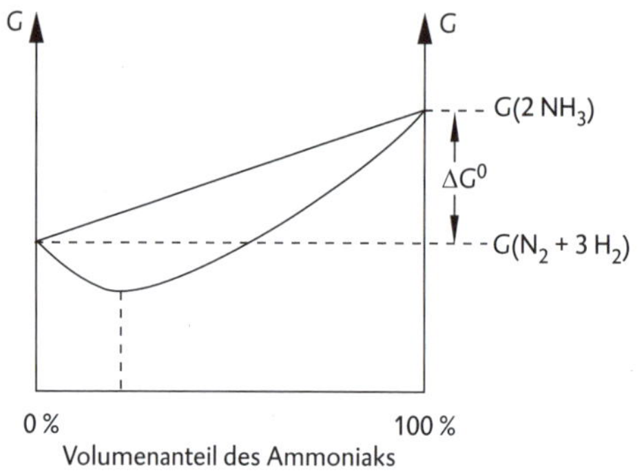

Abb. 12: Freie Enthalpie bei der Synthese von Ammoniak aus den Elementen in Abhängigkeit vom Volumenanteil des Ammoniaks bei 200° C in einer Mischung: Während der Reaktion nimmt die freie Enthalpie nicht kontinuierlich zu, sondern durchläuft ein Minimum.

Trotz $\Delta G^0 > 0$ müssen die Ausgangsstoffe Stickstoff und Wasserstoff so lange miteinander reagieren, bis dieses Minimum erreicht ist. Dann hat sich das Gleichgewicht eingestellt. Das gilt für alle Reaktionen, in deren Verlauf Gasgemische entstehen.

Der für ΔG^0 berechnete Wert signalisiert außerdem, wo dieses Minimum liegt: Je größer („positiver") ΔG^0 ist, desto näher liegt das Minimum bei den Ausgangsstoffen. Das Gleichgewicht liegt dann auf der Seite dieser Ausgangsstoffe. Das Umgekehrte gilt für den Fall, dass ΔG^0 ein negatives Vorzeichen besitzt. In diesem Fall liegt das Gleichgewicht auf der Seite der Endstoffe.

Man kann aus ΔG^0 sogar die **Gleichgewichtskonstante** berechnen. Die Beziehung lautet:

$$\Delta G^0 = -R \cdot T \cdot \ln\{K\}$$

mit $R = 8{,}31451\ \text{J} \cdot \text{K} \cdot \text{mol}^{-1}$ (universelle Gaskonstante)
T = Temperatur in Kelvin
$\ln\{K\}$ = natürlicher Logarithmus der Gleichgewichtskonstante K

oder, wenn man den Zehnerlogarithmus verwendet:

$$\Delta G^0 = -R \cdot T \cdot 2{,}303 \cdot \log\{K\}$$

Eine Reaktion läuft spontan ab, wenn die freie Enthalpie abnimmt (exergonische Reaktion, $\Delta G < 0$). Eine Reaktion läuft nicht ab, wenn die freie Enthalpie zunimmt (endergonische Reaktion, $\Delta G > 0$).
Die aus den Standardwerten berechnete freie Reaktionsenthalpie ΔG^0 ermöglicht eine Aussage über die **Gleichgewichtslage**: Wenn $\Delta G^0 < 0$ ist, liegt das Gleichgewicht auf der Seite der Produkte, bei $\Delta G^0 > 0$ liegt das Gleichgewicht auf der Seite der Edukte.

Zusammenfassung

- Der **erste Hauptsatz der Thermodynamik** wird auch als **Energieerhaltungssatz** bezeichnet. Er besagt, dass Energie weder erzeugt noch vernichtet werden kann.
- Mathematische Formulierungen des Energieerhaltungssatzes für Reaktionen, bei denen nur Wärme und Arbeit mit der Umgebung ausgetauscht werden, sind z. B. $\Delta U = W + Q$ (Arbeit W, Wärme Q) und, falls bei konstantem Druck gearbeitet wird, $\Delta H = Q$.
- Reaktionsenthalpien werden im **Kalorimeter** gemessen. Die Wärme Q wird dabei an die Kalorimeterflüssigkeit (Wasser) abgegeben und die Temperaturänderung gemessen:
  $\Delta H = Q = -\left[m(H_2O) \cdot 4{,}19\,J \cdot K^{-1} \cdot g^{-1} + c(Kal)\right] \cdot \Delta\vartheta$
- Unter der **Standardbildungsenthalpie** einer Verbindung versteht man die Enthalpieänderung bei der Synthese von $n = 1$ mol der Verbindung aus den Elementen bei Standardbedingungen $T = 298$ K und $p = 1\,013$ hPa.
- Der Energieerhaltungssatz ermöglicht die Berechnung beliebiger **Reaktionsenthalpien** aus den Standardbildungsenthalpien.
- Der **zweite Hauptsatz der Thermodynamik** besagt, dass in einem isolierten System nur Vorgänge ablaufen können, bei denen die **Entropie** insgesamt **zunimmt**.
- Die Entropie ist ein Maß dafür, wie **wahrscheinlich** die Anordnung der Teilchen in einer Stoffportion ist. Gasportionen besitzen demnach eine hohe, im Kristallgitter vorliegende Stoffportionen eine geringe Entropie.
- Die **GIBBS-HELMHOLTZ-Gleichung** lautet $\Delta G = \Delta H - T \cdot \Delta S$. Sie ermöglicht eine Vorhersage darüber, ob eine Reaktion spontan ablaufen kann.
  $\Delta G < 0$ bedeutet, dass die Reaktion **exergonisch** ist. Sie läuft unter den gegebenen Bedingungen ab.
  $\Delta G > 0$ bedeutet, dass die Reaktion **endergonisch** ist. Sie läuft unter den gegebenen Bedingungen nicht ab.
- Die chemische Energetik macht grundsätzlich keine Aussagen über die **Reaktionsgeschwindigkeiten**. Als **metastabil** bezeichnet man einen Zustand, der in Folge geringer Reaktionsgeschwindigkeit stabil zu sein scheint. Tatsächlich läuft eine Reaktion ab, die jederzeit durch einen Katalysator oder durch Erwärmung sehr stark beschleunigt werden kann.

Aufgaben

7. Welche Temperaturänderung beobachtet man, wenn man 100 mL Salzsäure der Stoffmengenkonzentration $c_0(HCl) = 1\ mol \cdot L^{-1}$ durch Zusammengeben mit 100 mL Natronlauge der Stoffmengenkonzentration c_0 (NaOH) = $1\ mol \cdot L^{-1}$ neutralisiert?
(*Hinweis:* Die volumenbezogene Wärmekapazität der entstandenen Lösung beträgt $C = 4{,}2\ J \cdot K^{-1} \cdot mL^{-1}$. Wärmeverluste sollen nicht berücksichtigt werden.)

8. Bei welchen der folgenden Reaktionen erhält man für die Änderung der inneren Energie ΔU praktisch die gleichen Werte wie für die Reaktionsenthalpie ΔH, wenn alle Reaktionen bei konstantem Druck durchgeführt werden?
   a Methan verbrennt mit Luftsauerstoff unter Bildung von Kohlenstoffdioxid und Wasserdampf.
   b Beim Thermit-Versuch entstehen aus Eisenoxid (Fe_3O_4) und Aluminium Eisen und Aluminiumoxid.
   c Stickstoffmonooxid reagiert mit Luftsauerstoff unter Bildung von Stickstoffdioxid.

9. Die Reaktionsgleichungen für die Verbrennung der Gase Ethan und Ethin lauten:

$$2\,C_2H_6(g) + 7\,O_2(g) \longrightarrow 4\,CO_2(g) + 6\,H_2O(g)$$

$$2\,C_2H_2(g) + 5\,O_2(g) \longrightarrow 4\,CO_2(g) + 2\,H_2O(g)$$

Bei der Verbrennung von 1 mol Ethan beträgt $\Delta H_1 = -1\,429$ kJ und bei der Verbrennung von 1 mol Ethin beträgt $\Delta H_2 = -1\,256$ kJ.
Warum werden bei der Verbrennung von Ethin trotz der geringeren Wärmeabgabe weit höhere Flammentemperaturen erreicht?

10. In Lebewesen wird Energie durch den Abbau von Kohlenhydraten unter Bildung von Kohlenstoffdioxid und Wasser gewonnen. Nährwerttabellen enthalten für die Saccharose den „Brennwert“ $16{,}5\ kJ \cdot g^{-1}$. Gemeint ist damit, dass die Reaktionsenthalpie für die Oxidation von 1 g Saccharose mit Sauerstoff zu Kohlenstoffdioxid und Wasser (in flüssigem Zustand) $\Delta H = -16{,}5$ kJ beträgt.
Berechnen Sie aus diesen Angaben die molare Standardbildungsenthalpie der Saccharose (Summenformel $C_{12}H_{22}O_{11}$).

11. Eine Wasserportion wird in einem Gefäß bei konstantem Druck erwärmt. Die folgende Abbildung zeigt den Zusammenhang zwischen der Enthal-

pie H dieser Wasserportion und ihrer Temperatur T. Erläutern und begründen Sie den Kurvenverlauf.

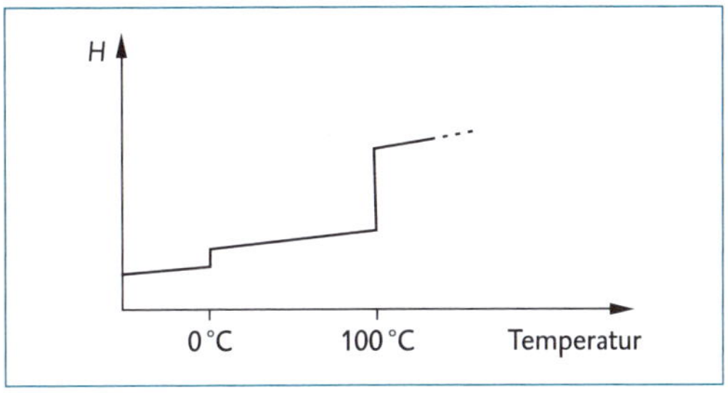

Abb. 13: Zusammenhang zwischen der Enthalpie und der Temperatur einer Wasserportion.

12. Benzinmotoren können problemlos betrieben werden, wenn der Treibstoff einen nicht zu großen Anteil an „Bioethanol" enthält. In einem Text finden Sie diesbezüglich folgende Aussage: *„Allerdings steigt dadurch der Treibstoffverbrauch, weil Ethanol weniger energiereich ist als Benzin."*
Berechnen Sie die Reaktionsenthalpie für die Verbrennung von 1 L Ethanol im Kfz-Motor.
(*Hinweis:* 1 L Bioethanol enthält 790 g Ethanol.)
Begründen Sie, warum der zitierte Satz unabhängig vom Rechenergebnis wissenschaftlich falsch ist.
(*Hinweis:* Die Reaktionsenthalpie für die Verbrennung von 1 L Benzin im Motor beträgt $\Delta H = Q \approx -31\,500$ kJ.)

13. Geben Sie an, ob die Entropie bei den folgenden Vorgängen jeweils zu- oder abnimmt und begründen Sie Ihre Angaben.
Berechnen Sie die Entropieänderungen für die Vorgänge a und d jeweils für einen Formelumsatz.
   a Ammoniak entsteht aus den Elementen Stickstoff und Wasserstoff.
   b Erhitzt man D-Glucose, so zersetzt sie sich unter Bildung von Kohlenstoff und Wasserdampf.
   c An einem kalten Wintertag bilden sich „Eisblumen" an einem Fenster im Wohnzimmer.
   d Gibt man zu einer Kochsalz-Lösung einige Tropfen Silbernitrat-Lösung, so fällt Silberchlorid als weißer Niederschlag aus.

14. Distickstoffmonooxid ist ein farbloses, ungiftiges Gas, das u. a. als Treibgas für handelsübliche Schlagsahnespender verwendet wird, die in der Küche zum Einsatz kommen. Prüfen Sie, ob das Gas bei längerer Lagerung bei Raumtemperatur unter Bildung von Stickstoff und Sauerstoff zerfallen könnte.

Säure-Base-Gleichgewichte in wässriger Lösung

Säuren sind seit Jahrtausenden bekannt. Sie kommen zum Beispiel in vielen Früchten vor und verleihen Erfrischungsgetränken einen angenehmen Geschmack. Außerdem wirken sie dem Bakterienwachstum entgegen und verringern daher das Risiko von Infektionen des Verdauungssystems.

1 Säure-Base-Theorien

Produkte wie Essig und ihre Eigenschaften sind schon von alters her bekannt, weil sie durch Vergärung von Naturprodukten erhalten werden können. „Wer einem bösen Herzen Lieder singt, das ist wie ein zerrissenes Kleid im Winter und Essig auf der Kreide." (Sprüche Salomos 25, 20). **Essig** entsteht durch Oxidation von Ethanol.

1.1 Historische Säure-Base-Theorien

Robert Boyle (1627–1691) führte im 17. Jahrhundert eine erste allgemein gültige Definition für **Säuren** ein. Sie gründete darauf, dass Säuren bei Pflanzenfarbstoffen Farbveränderungen hervorrufen können. Etwa gleichzeitig erkannte man, dass Säuren die Wirkung von alkalischen Lösungen aufheben. Antoine Laurent de Lavoisier (1743–1794), der als Begründer der wissenschaftlichen Chemie gilt, beobachtete im Jahr 1778, dass **Nichtmetalloxide** mit Wasser unter Bildung von **Säuren** reagieren. Nach Lavoisiers Schlussfolgerungen sollten daher alle Säuren das Element Sauerstoff enthalten. Erst Ende des 18. Jahrhunderts erkannte man, dass dies nicht in allen Fällen zutrifft. Justus von Liebig (1803–1873) stellte dann heraus, dass Säuren mit (unedlen) Metallen reagieren:

Säuren sind Wasserstoffverbindungen, in denen der **Wasserstoff** durch ein **Metall** ersetzt werden kann.

1887 berücksichtigte Svante Arrhenius (1857–1927) die damals neuen Erkenntnisse über die Existenz von Ionen in wässrigen Lösungen und definierte:

Säuren sind Stoffe, die in Wasser **Wasserstoff-Ionen** (H^+-Ionen) bilden.
Basen sind Stoffe, die in Wasser **Hydroxid-Ionen** (OH^--Ionen) bilden.

1.2 Die Säure-Base-Definition nach BRØNSTED

Eine allgemeine und auch heute noch gebräuchliche Definition für Säuren und Basen geht auf Johannes N. BRØNSTED (1879–1947) und Thomas M. LOWRY (1874 –1936) zurück. 1923 leiteten sie unabhängig voneinander die Entwicklung eines umfassenderen Säurebegriffs ein.

Säuren sind **Protonendonatoren**, also Verbindungen, die Protonen (H^+-Ionen) abgeben können.

Beispiele

Diese Definition kann an zwei Experimenten erläutert werden:

- Leitet man Chlorwasserstoffgas in Wasser ein, so lässt sich eine elektrische Leitfähigkeit der Lösung nachweisen.
- Leitet man Chlorwasserstoffgas aber in Heptan ein, so ist keine elektrische Leitfähigkeit der Lösung zu beobachten.

Die erste Beobachtung weist darauf hin, dass in der entstehenden Lösung bewegliche Ladungsträger, also **Ionen** enthalten sind. Chlorwasserstoff-Moleküle sind polar gebaut:

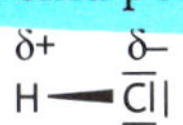

Die Polarität beruht auf dem Unterschied der **Elektronegativitäten** (EN) der beiden am Aufbau des Moleküls beteiligten Atome. Solche Moleküle können unter geeigneten Bedingungen ein **Proton** abspalten. In wässriger Lösung wird dieses an ein Wassermolekül gebunden, das ein freies Elektronenpaar zur Verfügung stellen kann:

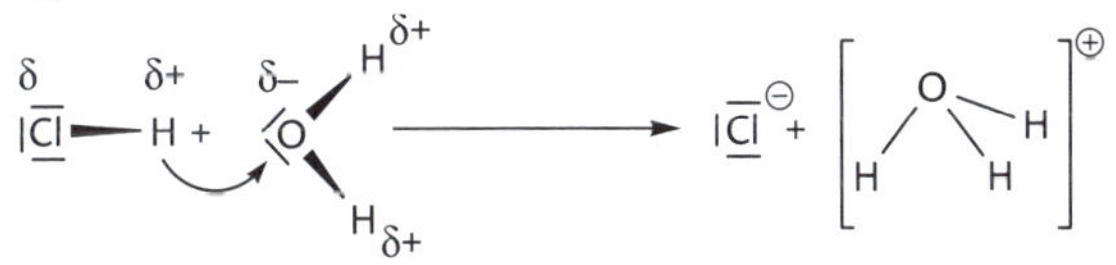

Das Heptan-Molekül dagegen besitzt keine freien Elektronenpaare, eine vergleichbare Reaktion ist hier also nicht möglich.

Das aus einem Wassermolekül und einem Proton entstandene H_3O^+-Ion nennt man **Oxonium-Ion**[14].

14 Gebräuchlich ist auch die veraltete Bezeichnung „**Hydronium-Ion**“.

Der Vorschlag, eine Säure als Protonendonator zu bezeichnen, legt auch eine entsprechende Definition für den Reaktionspartner nahe, der die Protonen aufnimmt.

Basen sind **Protonenakzeptoren**, also Verbindungen, die Protonen (H^+-Ionen) aufnehmen können.

Beispiele

Beim Einleiten von Chlorwasserstoffgas in Wasser verhält sich Wasser als Base.

Ein ähnlicher Vorgang ist die Entstehung einer schwach leitfähigen Lösung beim Einleiten von gasförmigem Ammoniak (NH_3) in Wasser. Wie das Wasser- ist auch das Ammoniakmolekül polar gebaut und es kommt zu folgender Reaktion:

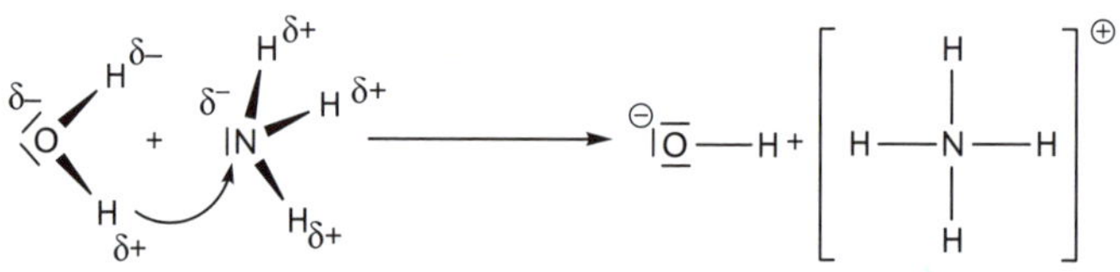

Die Elektronegativität des Stickstoffs ist allerdings geringer als die des Sauerstoffs, sodass Ammoniak-Moleküle schwächer polar als Wassermoleküle sind. Beiden Reaktionen gemeinsam ist ein Protonenübergang von einem Molekül auf ein anderes.

Einen **Protonenübergang** von einer Säure zu einer Base nennt man auch **Protolyse**.

Beispiel

Ein Chlorwasserstoff-Molekül kann auch an ein Ammoniak-Molekül ein Proton abgeben:

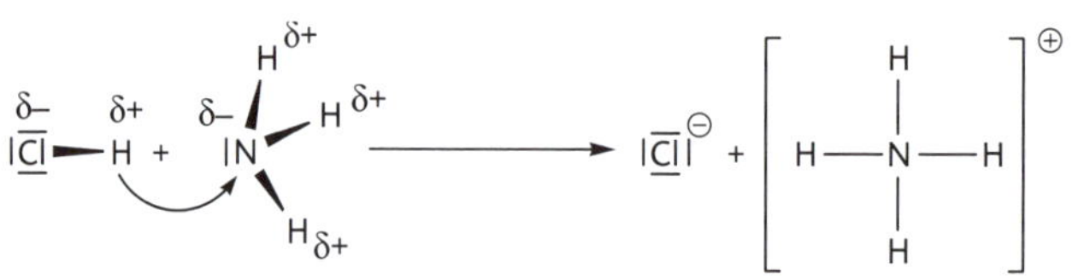

Protonenübergänge sind umkehrbare Reaktionen. Es stellen sich chemische Gleichgewichte ein. Das kommt durch die folgende Schreibweise zum Ausdruck:

$$\underset{\text{Säure}}{HCl} + \underset{\text{Base}}{NH_3} \rightleftharpoons Cl^- + NH_4^+$$

Die Begriffe „Säure“ und „Base“ beschreiben nach der Definition von Brønsted keine Stoffklassen, sondern beziehen sich auf das Verhalten der Stoffe bzw. Teilchen bei chemischen Reaktionen. Dieses Verhalten ist im Aufbau der Moleküle begründet:

Eine Brønsted-**Säure** enthält ein **positiv polarisiertes Wasserstoffatom**.
Eine Brønsted-**Base** besitzt ein **freies Elektronenpaar**, das zur Ausbildung einer Atombindung mit einem Proton verwendet werden kann.

Korrespondierende Säure-Base-Paare

Die besprochenen Beispiele zeigen eine enge Beziehung zwischen Protonen abgebenden und Protonen aufnehmenden Teilchen.

Teilchenpaare, die durch einen **Protonenübergang** ineinander überführbar sind, nennt man **korrespondierende (konjugierte) Säure-Base-Paare**.

Beispiele

Ammonium-Ionen (NH_4^+) und Ammoniak-Moleküle (NH_3) unterscheiden sich nur durch ein Proton. Entsprechendes gilt für H_3O^+/H_2O und auch für Essigsäure-Moleküle und Acetat-Ionen:

$$CH_3COOH \rightleftharpoons CH_3COO^- + H^+$$

Das sind drei von vielen möglichen Säure-Base-Paaren.

Ampholyte

Dem Wassermolekül kommt bei diesen Vorgängen eine besondere Stellung zu. Es enthält sowohl positiv polarisierte Wasserstoffatome als auch zwei freie Elektronenpaare:

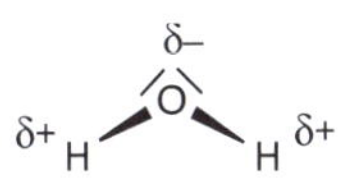

Daher kann Wasser sowohl als **Protonendonator** (Säure) wirken, aber auch als **Protonenakzeptor** (Base) auftreten.

Teilchen, die **sowohl** als Brønsted-**Base** als auch als Brønsted-**Säure** reagieren können, nennt man **Ampholyte**.

Ob ein Ampholyt als Säure oder als Base wirkt, hängt vom Reaktionspartner ab.

Beispiele

$$H_2O + NH_3 \rightleftharpoons NH_4^+ + OH^-$$

$$HCl + H_2O \rightleftharpoons Cl^- + H_3O^+$$

2 Autoprotolyse des Wassers und pH-Wert

2.1 Das Ionenprodukt des Wassers

Sorgfältige Untersuchungen haben gezeigt, dass selbst reinstes Wasser eine geringe elektrische Leitfähigkeit besitzt. Die dafür nötigen Ionen sind durch Protonenübergänge zwischen den Wassermolekülen selbst entstanden:

$$H_2O + H_2O \rightleftharpoons H_3O^+ + OH^- \qquad \Delta H > 0$$

Diesen Protonenübergang nennt man die Eigen- oder **Autoprotolyse** des Wassers. Auch hier handelt es sich um eine Gleichgewichtsreaktion. Dafür lautet das Massenwirkungsgesetz:

$$K_c = \frac{c(H_3O^+) \cdot c(OH^-)}{c^2(H_2O)}$$

Die Stoffmengenkonzentrationen der Oxonium- und der Hydroxid-Ionen können durch elektrochemische Messungen bestimmt werden. Man erhält:

$$c(H_3O^+) = c(OH^-) = 10^{-7}\ \text{mol} \cdot \text{L}^{-1}$$

Da ein Liter Wasser bei 25 °C die Masse $m = 997$ g besitzt, ergibt sich für die Stoffmenge $n(H_2O)$:

$$n(H_2O) = \frac{m}{M(H_2O)} = \frac{997\ \text{g}}{18{,}02\ \text{g} \cdot \text{mol}^{-1}} \approx 55{,}3\ \text{mol} \quad \text{und} \quad c(H_2O) = 55{,}3\ \text{mol} \cdot \text{L}^{-1}$$

Setzt man diese Werte in das Massenwirkungsgesetz ein, so erhält man:

$$K_c = \frac{(10^{-7}\ \text{mol} \cdot \text{L}^{-1})^2}{(55{,}3\ \text{mol} \cdot \text{L}^{-1})^2} = 3{,}27 \cdot 10^{-18}$$

Die Gleichgewichtskonstante K_c für diese Reaktion ist also sehr klein, das Gleichgewicht liegt sehr weit auf der Seite der Wassermoleküle. Vereinbart man, dass alle Berechnungen mit diesem MWG-Ausdruck nur für verdünnte wässrige Lösungen gelten sollen, so kann die Stoffmengenkonzentration $c(H_2O)$ als konstant betrachtet werden und man erhält:

$$c(H_3O^+) \cdot c(OH^-) = K_c \cdot c^2(H_2O)$$

und

$$c(H_3O^+) \cdot c(OH^-) = 10^{-14}\ mol^2 \cdot L^{-2} = K_W$$

Diese mathematische Beziehung wird als **Ionenprodukt des Wassers** bezeichnet. Der angegebene Wert $10^{-14}\ mol^2 \cdot L^{-2}$ gilt für die Temperatur $\vartheta = 25\ °C$. Mit steigender Temperatur wird das Gleichgewicht in Richtung der endothermen Reaktion (siehe S. 8) verschoben, entsprechend nimmt dann der Wert des Ionenprodukts zu.

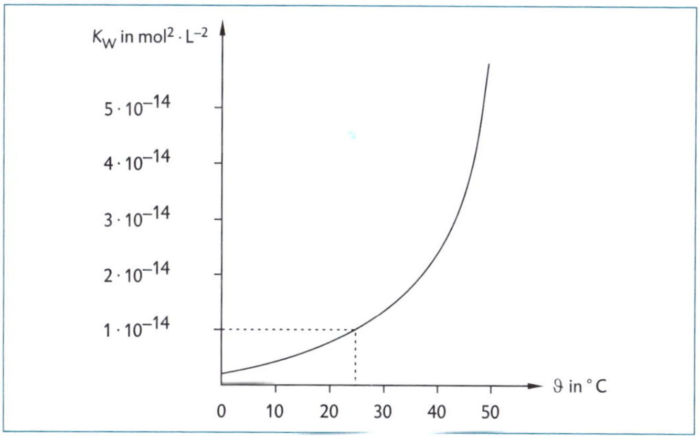

Abb. 14: Temperaturabhängigkeit des Ionenproduktes des Wassers

Außer dem Wassermolekül gibt es noch andere Ampholyte, bei denen Autoprotolyse möglich ist. Einige Beispiele sind in der folgenden Tabelle zusammengestellt:

Gleichgewicht	K_W in $mol^2 \cdot L^{-2}$
$C_2H_5OH + C_2H_5OH \rightleftharpoons C_2H_5OH_2^+ + C_2H_5O^-$	$7{,}9 \cdot 10^{-20}$
$NH_3 + NH_3 \rightleftharpoons NH_4^+ + NH_2^-$	$1 \cdot 10^{-22}$
$HCOOH + HCOOH \rightleftharpoons HCOOH_2^+ + HCOO^-$	$6{,}3 \cdot 10^{-7}$
$H_2SO_4 + H_2SO_4 \rightleftharpoons H_3SO_4^+ + HSO_4^-$	$1{,}3 \cdot 10^{-3}$
$HNO_3 + HNO_3 \rightleftharpoons H_2NO_3^+ + NO_3^-$	$2 \cdot 10^{-2}$

Tab. 3: Autoprotolysereaktionen

2.2 pH-Wert und pOH-Wert

Das Ionenprodukt des Wassers gilt für alle verdünnten wässrigen Lösungen. Steigt $c(H_3O^+)$ an, so wird $c(OH^-)$ kleiner. Das Produkt der beiden Stoffmengenkonzentrationen beträgt bei 25 °C jedoch stets $10^{-14}\,mol^2 \cdot L^{-2}$.

- In neutraler Lösung ist $c(H_3O^+) = c(OH^-)$ und es gilt bei 25 °C:

  $$c(H_3O^+) = c(OH^-) = \sqrt{10^{-14}\,mol^2 \cdot L^{-2}} = 10^{-7}\,mol \cdot L^{-1}$$

- In einer sauren Lösung überwiegen die H_3O^+-Ionen:

  $$c(H_3O^+) > 10^{-7}\,mol \cdot L^{-1} \quad \text{und} \quad c(OH^-) < 10^{-7}\,mol \cdot L^{-1}$$

- In einer alkalischen Lösung sind die Verhältnisse gerade umgekehrt:

  $$c(H_3O^+) < 10^{-7}\,mol \cdot L^{-1} \quad \text{und} \quad c(OH^-) > 10^{-7}\,mol \cdot L^{-1}$$

Es ist üblich, statt der Stoffmengenkonzentration der Oxonium-Ionen den **pH-Wert** anzugeben. Er ist so definiert:

> Der **pH-Wert** ist der **negative Zehnerlogarithmus**[15] des Zahlenwerts der Stoffmengenkonzentration $c(H_3O^+)$:
>
> $pH = -lg\{c(H_3O^+)\}$ bzw. $c(H_3O^+) = 10^{-pH}\,mol \cdot L^{-1}$

Wenn eine Lösung pH = 7 besitzt, reagiert sie neutral. Die pH-Werte von sauren Lösungen sind kleiner als 7, während die pH-Werte von alkalischen Lösungen über 7 liegen.

Entsprechend kann man für die Stoffmengenkonzentrationen der Hydroxid-Ionen verfahren. Die so definierte Größe heißt **pOH-Wert**:

$$pOH = -log\{c(OH^-)\} \quad \text{und} \quad c(OH^-) = 10^{-pOH}\,mol \cdot L^{-1}$$

Der Zusammenhang zwischen pH- und pOH-Wert folgt aus dem Ionenprodukt des Wassers:

$$K_W = c(H_3O^+) \cdot c(OH^-)$$

$$pH + pOH = 14$$

15 Das ist der Logarithmus zur Basis 10. Er wird auch als dekadischer Logarithmus bezeichnet.

Die folgende Tabelle fasst diese Gesetzmäßigkeiten nochmals zusammen:

	wässrige Lösung reagiert		
	sauer	**neutral**	**alkalisch**
$c(H_3O^+)$ in $mol \cdot L^{-1}$	$> 10^{-7}$	10^{-7}	$< 10^{-7}$
pH-Wert	< 7	7	> 7
pOH-Wert	> 7	7	< 7
$c(OH^-)$ in $mol \cdot L^{-1}$	$< 10^{-7}$	10^{-7}	$> 10^{-7}$

Tab. 4: Charakterisierung saurer und alkalischer wässriger Lösungen

Die gebräuchliche **pH-Skala** reicht von $pH = 0$ bis $pH = 14$.
Lösungen mit $c(H_3O^+) > 1\ mol \cdot L^{-1}$ ergäben negative pH-Werte, Lösungen mit $c(OH^-) > 1\ mol \cdot L^{-1}$ pH-Werte über 14. Solche Angaben sind jedoch nicht sinnvoll, da es sich nicht mehr um verdünnte Lösungen handelt. Für sie gelten die hier verwendeten Gleichungen nicht mehr streng.

2.3 Messung von pH-Werten

Säure-Base-Indikatoren

Viele organische Farbstoffe wechseln bei bestimmten pH-Werten die Farbe, weshalb sie als Säure-Base-Indikatoren verwendet werden. Die folgende Tabelle stellt wichtige **Farbindikatoren** mit ihren Umschlagbereichen zusammen:

Indikator	**Farbe bei niedrigeren pH-Werten**	**pH-Bereich des Farbumschlags**	**Farbe bei höheren pH-Werten**
Thymolblau	rot	1,2–2,8	gelb
Methylorange	rot	3,0–4,4	gelborange
Bromkresolgrün	gelb	3,8–5,4	blau
Methylrot	rot	4,2–6,2	gelb
Bromthymolblau	gelb	6,0–7,6	blau
Thymolblau	gelb	8,0–9,6	blau
Phenolphthalein	farblos	8,2–10,0	purpurn
Thymolphthalein	farblos	9,3–10,5	blau
Alizaringelb R	gelb	10,1–12,1	rot

Tab. 5: Farbumschläge ausgewählter Säure-Base-Indikatoren

Elektrochemische pH-Wert-Messung

Elektrochemische Messungen des pH-Wertes sind z. B. mithilfe spezieller Elektroden möglich. Das bekannteste Beispiel ist die **Glaselektrode**. Mit ihr wird eine an einer Glasmembran auftretende und vom pH der Lösung abhängige Potenzialdifferenz gemessen. Ein Messgerät zeigt direkt diesen pH-Wert an.

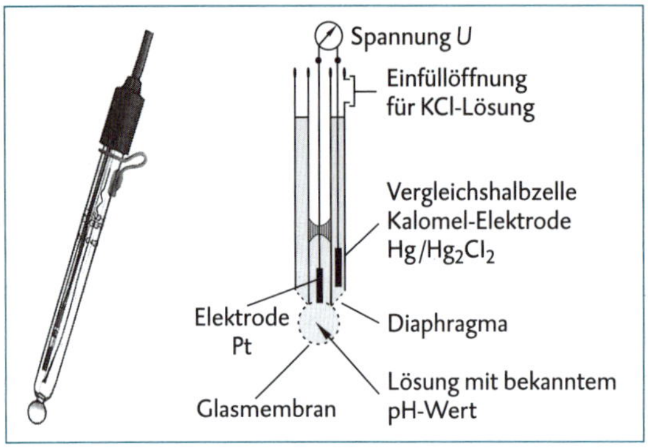

Abb. 15: Glaselektrode zur pH-Wert-Messung (links Gesamtansicht, rechts schematischer Aufbau)

3 Anwendungen der Säure-Base-Theorie

3.1 Die Säurekonstante K_S und der pK_S-Wert

Eine wässrige Lösung von Chlorwasserstoff wird als Salzsäure bezeichnet. Vergleicht man eine käufliche Salzsäure mit der Stoffmengenkonzentration $c_0 = 0{,}1\ mol \cdot L^{-1}$ mit einer Essigsäure-Lösung gleicher Stoffmengenkonzentration, so stellt man bemerkenswerte Unterschiede, aber auch Gemeinsamkeiten fest. Die beiden Lösungen

- besitzen verschiedene pH-Werte.
- reagieren mit Zink-Pulver unter Wasserstoff-Entwicklung.
- verbrauchen gleich viel Natronlauge, wenn man von Säureportionen mit gleichem Volumen ausgeht und diese bis zum Farbumschlag des Indikators Phenolphthalein mit der Lauge versetzt.

	pH-Wert	Reaktion mit Zink-Pulver	Verbrauch an Natronlauge[16] in mL
Salzsäure	1	starke Gasentwicklung	10
Essigsäure	2,9	schwache Gasentwicklung	10

Tab. 6: Unterschiede und Gemeinsamkeiten von Salzsäure und Essigsäure-Lösung

16 zur Neutralisation von 10 mL der Säure mit Natronlauge mit $c_0(NaOH) = 0{,}1\ mol \cdot L^{-1}$

Der Grund für die beobachteten Unterschiede und Gemeinsamkeiten liegt in der unterschiedlichen Lage der beiden Gleichgewichte:

$$HCl + H_2O \rightleftharpoons H_3O^+ + Cl^-$$

$$CH_3COOH + H_2O \rightleftharpoons H_3O^+ + CH_3COO^-$$

Im Falle der Chlorwasserstoff-Lösung liegt das Gleichgewicht weit auf der Seite der Ionen. Aus dem pH-Wert von 1 folgt:

$$c(H_3O^+) = 10^{-pH}\ mol \cdot L^{-1} = 10^{-1}\ mol \cdot L^{-1} = 0{,}1\ mol \cdot L^{-1}$$

Da $c_0(H_3O^+) = 0{,}1\ mol \cdot L^{-1}$ und die Stoffmengenkonzentration der Säure $c_0(HCl)$ ebenfalls $0{,}1\ mol \cdot L^{-1}$ beträgt, müssen nahezu alle Chlorwasserstoff-Moleküle in dieser Lösung unter Bildung von Ionen reagiert haben. Eine solche Säure bezeichnet man als **starke Säure**. Die Salzsäure reagiert schnell mit Zink-Pulver, da hier eigentlich nur eine Reaktion zwischen Zink-Atomen und Oxonium-Ionen abläuft, die in großer Zahl in der Lösung vorliegen:

$$Zn(s) + 2\,H_3O^+(aq) + 2\,Cl^-(aq) \longrightarrow \underbrace{Zn^{2+}(aq) + 2\,Cl^-(aq)}_{\text{Zinkchlorid-Lösung}} + H_2(g) + 2\,H_2O$$

Anders ist es bei der Essigsäure-Lösung. Aus ihrem pH-Wert von 2,9 folgt:

$$c(H_3O^+) = 10^{-pH}\ mol \cdot L^{-1} = 10^{-2{,}9}\ mol \cdot L^{-1} \approx 0{,}001\ mol \cdot L^{-1}$$

Da $c_0(CH_3COOH) = 0{,}1\ mol \cdot L^{-1}$ ist, hat in diesem Fall nur etwa jedes hundertste Essigsäure-Molekül mit Wasser reagiert. Essigsäure ist eine **schwache Säure**. Sie reagiert nur langsam mit Zink-Pulver, da die Anzahl der Oxonium-Ionen, die innerhalb einer bestimmten Zeitspanne an der Metalloberfläche umgesetzt werden können, viel kleiner ist.

Dass zur Neutralisation gleich großer Portionen beider Säuren gleich viel Natronlauge verbraucht wird, hat folgenden Grund:
Sowohl die Säure-Moleküle HCl und CH_3COOH als auch die in den Lösungen vorliegenden Oxonium-Ionen reagieren mit den Hydroxid-Ionen der Natronlauge. Der Verbrauch an Natronlauge hängt daher nur von der Anzahl der ursprünglich vorhandenen Säure-Moleküle ab und nicht davon, wie viele von ihnen mit Wasser unter Bildung von Ionen reagiert haben. Im Abschnitt über **Titrationen** (siehe S. 76 ff.) wird auf solche Vorgänge ausführlicher eingegangen.

Zur genaueren Charakterisierung von starken und schwachen Säuren eignet sich das Massenwirkungsgesetz. Auf die Chlorwasserstoff-Lösung (Salzsäure) angewendet gilt:

$$\frac{c(H_3O^+)\cdot c(Cl^-)}{c(H_2O)\cdot c(HCl)} = K$$

Für alle verdünnten wässrigen Lösungen kann die Stoffmengenkonzentration des Lösemittels Wasser als Konstante betrachtet werden. Bei 25 °C beträgt ihr Wert $c(H_2O) = 55{,}3\ mol \cdot L^{-1}$ und es gilt:

$$\frac{c(H_3O^+)\cdot c(Cl^-)}{c(HCl)} = K \cdot c(H_2O) = K_S$$

Diese neu eingeführte Konstante K_S wird **Säurekonstante** genannt. Sie zählt zu den wichtigsten Eigenschaften jeder Säure. Tabelle 15 auf S. 170 im Anhang dieses Buches enthält die Konstanten der wichtigsten Säuren. Solche Tabellen führen meist auch den negativen Zehnerlogarithmus des Zahlenwertes dieser Säurekonstanten auf. Er wird **pK_S-Wert**, manchmal auch „Säureexponent“ genannt und ist durch folgende Gleichung definiert:

$$pK_S = -\lg\{K_S\}$$

Wie erwartet, hat die Säurekonstante von Chlorwasserstoff einen sehr großen Wert. Die Säurekonstante der Essigsäure ist klein:

- Chlorwasserstoff: $K_S = 10^6\ mol \cdot L^{-1}$ und $pK_S = -6$
- Essigsäure: $K_S = 1{,}75 \cdot 10^{-5}\ mol \cdot L^{-1}$ und $pK_S = 4{,}76$

> **Starke Säuren** besitzen große Säurekonstanten und **kleine pK_S-Werte.**
> **Schwache Säuren** besitzen kleine Säurekonstanten und **große pK_S-Werte.**

Beispiel

Für die salpetrige Säure (HNO_2) wird ein pK_S-Wert von 3,35 angegeben. Formulieren Sie eine Reaktionsgleichung für das sich in wässriger Lösung einstellende Gleichgewicht. Geben Sie die Säurekonstante K_S der salpetrigen Säure an und entscheiden Sie, ob es sich um eine starke oder schwache Säure handelt.

Lösung:

$$HNO_2 + H_2O \rightleftharpoons H_3O^+ + NO_2^-$$

$$K_S = 10^{-pK_S}\ mol \cdot L^{-1} = 10^{-3{,}35}\ mol \cdot L^{-1} = 4{,}5 \cdot 10^{-4}\ mol \cdot L^{-1}$$

Der Zahlenwert der Säurekonstante zeigt, dass das Gleichgewicht auf der linken Seite liegt. Salpetrige Säure ist eine schwache Säure.

3.2 pH-Berechnungen von Lösungen starker und schwacher Säuren

Starke Säuren

Die wichtigsten starken Säuren kann man der Tabelle der Säurekonstanten auf Seite 170 entnehmen. Dazu zählen neben Chlorwasserstoff auch die Salpetersäure (Formel: HNO_3), deren Säurekonstante K_S 21 mol · L^{-1} beträgt. Gibt man diese Säuren zu Wasser, so liegen die sich einstellenden Gleichgewichte auf der Seite der Produkte. Daher kann man annehmen, dass aus jedem Säuremolekül ein Oxonium-Ion gebildet wird.
Bezeichnet man die Stoffmengenkonzentration der Säure – ohne Berücksichtigung der Protonenabgabe – als Anfangskonzentration c_0(Säure), so gilt für alle starken Säuren:

$$c(H_3O^+) \approx c_0(\text{Säure})$$

Auf Säureflaschen wird immer nur die Anfangskonzentration c_0(Säure) ohne Rücksicht auf das sich in der Lösung einstellende Gleichgewicht angegeben.

Beispiel

Welchen pH-Wert besitzt eine Salpetersäure-Lösung mit der Stoffmengenkonzentration $c_0(\text{Säure}) = 0{,}03 \text{ mol} \cdot \text{L}^{-1}$?

Lösung:

$$c(H_3O^+) \approx c_0(\text{Säure}) = 0{,}03 \text{ mol} \cdot \text{L}^{-1} \quad \text{und}$$

$$\text{pH} = -\lg\{c(H_3O^+)\} \approx -\lg 0{,}03 = 1{,}5$$

Diese salpetersaure Lösung hat einen pH-Wert von 1,5.

Dieses Rechenverfahren sollte nur angewendet werden, wenn die Säure-Moleküle nur jeweils ein Proton abgeben können. Solche Säuren werden als **einprotonig** bezeichnet. Schwefelsäure ist dagegen eine zweiprotonige Säure. Die bei der Abgabe des ersten Protons gebildeten Hydrogensulfat-Ionen HSO_4^- können ebenfalls Protonen abgeben. Dadurch reagiert die Lösung stärker sauer, der gemessene pH-Wert ist also niedriger als der auf diese Weise berechnete.
Das Rechenverfahren zeigt auch, dass sich Lösungen starker Säuren mit gleicher Anfangskonzentration c_0(Säure) durch eine pH-Messung nicht unterscheiden lassen. Praktisch alle abspaltbaren Protonen werden bei diesen Säuren an Wassermoleküle abgegeben. Daher spricht man auch von einer nivellierenden („gleich machenden“) Wirkung des Lösemittels Wasser.

Schwache Säuren

Bei der Essigsäure liegen in einer Lösung mit der Anfangskonzentration c_0(Säure) = 0,1 mol · L^{-1} rund 99 % der vorhandenen Essigsäure als Moleküle vor, nur 1 % sind unter Bildung von Ionen zerfallen. Zur pH-Berechnung greift man in solchen Fällen auf das vereinfachte Massenwirkungsgesetz zurück:

$$\frac{c(H_3O^+) \cdot c(CH_3COO^-)}{c(CH_3COOH)} = K_S \qquad (1)$$

Zur Auflösung dieser Gleichung nach $c(H_3O^+)$ werden zwei weitere Gleichungen benötigt: Da die Oxonium-Ionen H_3O^+ und die Ethanoat-Ionen CH_3COO^- paarweise entstehen, sind ihre Stoffmengenkonzentrationen gleich:

$$c(H_3O^+) = c(CH_3COO^-) \qquad (2)$$

Außerdem wird aus jedem Essigsäure-Molekül genau ein Oxonium-Ion gebildet und es gilt:

$$c(CH_3COOH) = c_0(\text{Säure}) - c(H_3O^+)$$

Weil nur wenige Essigsäure-Moleküle mit Wasser reagiert haben, kann man stattdessen ohne großen Fehler schreiben:

$$c(CH_3COOH) \approx c_0(\text{Säure}) \qquad (3)$$

Mit den Beziehungen 2 und 3 lässt sich Gleichung 1 nach der gesuchten Stoffmengenkonzentration $c(H_3O^+)$ auflösen. Mit $K_S = 1{,}75 \cdot 10^{-5}$ mol · L^{-1} ergibt sich:

$$\frac{c^2(H_3O^+)}{c_0(\text{Säure})} \approx K_S \quad \text{und} \quad c(H_3O^+) \approx \sqrt{K_S \cdot c_0(\text{Säure})}$$

Für eine Essigsäure-Lösung mit der Stoffmengenkonzentration c_0(Säure) = 0,1 mol · L^{-1} gilt also:

$$c(H_3O^+) \approx \sqrt{0{,}1 \text{mol} \cdot L^{-1} \cdot 1{,}75 \cdot 10^{-5} \text{ mol} \cdot L^{-1}} = 1{,}32 \cdot 10^{-3} \text{ mol} \cdot L^{-1}$$

Der pH-Wert beträgt dann:

$$pH = -\lg\{c(H_3O^+)\} \approx 2{,}88$$

Für dieses Rechenverfahren lässt sich auch eine allgemeine Formel angeben. Verwendet man für die Säure das Symbol HA[17], für das bei der Protolyse gebildete Anion das Symbol A^-, so lautet die Gleichung für den Protonenübergang:

$$HA + H_2O \rightleftharpoons H_3O^+ + A^-$$

Für die mathematische Beziehung zur Berechnung der Stoffmengenkonzentration der Oxonium-Ionen in der Lösung einer schwachen Säure HA gilt:

$$c(H_3O^+) \approx \sqrt{c_0(\text{Säure}) \cdot K_S(\text{HA})}$$

Befriedigende Ergebnisse werden mit diesem Näherungsverfahren bei **schwachen Säuren** mit Säurekonstanten $K_S < 10^{-2}$ mol · L^{-1} bzw. p$K_S > 2$ erzielt. Der Fehler wird allerdings mit zunehmender Verdünnung der Säure größer. Aus dem Massenwirkungsgesetz folgt nämlich, dass auch eine schwache Säure dann immer stärker in Ionen zerfällt. Eine genauere Betrachtung zeigt, dass größere Abweichungen erst dann auftreten, wenn $c_0 < K_S$ ist.
Das Verfahren darf man auch nicht anwenden, wenn es sich um **Ampholyte** handelt. Beispielsweise können Hydrogenphosphat-Ionen (HPO_4^{2-}) sowohl als Säure als auch als Base reagieren. Zur pH-Berechnung wären also mehrere Gleichgewichte zu berücksichtigen.

Beispiel

5 g wasserfreie Ameisensäure (Methansäure, HCOOH, pK_S = 3,77) werden in einen Messkolben gegeben und mit destilliertem Wasser verdünnt, bis das Volumen 100 mL beträgt. Berechnen Sie den pH-Wert dieser Lösung.

Lösung:
Die Stoffmengenkonzentration c_0(Säure) ist der Quotient aus Stoffmenge n der Säureportion und Volumen V der Lösung. Zur Berechnung der Stoffmenge wird zusätzlich die molare Masse M der Ameisensäure benötigt.

$$c_0(\text{Säure}) = \frac{n(\text{HCOOH})}{V} \quad \text{und} \quad n(\text{HCOOH}) = \frac{m(\text{HCOOH})}{M(\text{HCOOH})}$$

Mit M(HCOOH) = 46,03 g · mol^{-1} ergibt sich:

$$c(H_3O^+) \approx \sqrt{c_0(\text{Säure}) \cdot K_S(\text{HCOOH})} = \sqrt{\frac{m(\text{HCOOH})}{V \cdot M(\text{HCOOH})} \cdot K_S(\text{HCOOH})}$$

Mit den Zahlenwerten erhält man:

$$c(H_3O^+) = \sqrt{\frac{5\,\text{g}}{0{,}1\,\text{L} \cdot 46{,}03\,\text{g} \cdot \text{mol}^{-1}} \cdot 10^{-3{,}77}\,\text{mol} \cdot \text{L}^{-1}} = 1{,}36 \cdot 10^{-2}\,\text{mol} \cdot \text{L}^{-1}$$

Der pH-Wert dieser Lösung beträgt daher:

$$\text{pH} = -\lg\{c(H_3O^+)\} = 1{,}9$$

17 HA, da sie aus einem Proton (H^+) und einem Anion (A^-) entstehen kann

3.3 Einfache pH-Berechnungen bei Lösungen, die Basen enthalten

Metallhydroxid-Lösungen

Metallhydroxide sind Ionenverbindungen. Ihre wässrigen Lösungen reagieren alkalisch, besitzen also pH-Werte, die größer sind als 7. Da in diesen Lösungen keine Moleküle vorliegen, kann die Stoffmengenkonzentration der Hydroxid-Ionen in allen Fällen direkt angegeben werden.

Für ein beliebiges Metallhydroxid mit der Formel $Me(OH)_v$, wobei das Symbol Me für das Metallion und das Symbol v für den Formelindex steht, ergibt sich die Stoffmengenkonzentration der Hydroxid-Ionen:

$$c(OH^-) = v \cdot c_0(Me(OH)_v)$$

Beispiel

Der pH-Wert einer Natriumhydroxid-Lösung (Natronlauge) mit der Stoffmengenkonzentration $c_0(NaOH) = 0{,}1\ mol \cdot L^{-1}$ soll berechnet werden.

Lösung:

Es gilt:

$$c(OH^-) = c_0(NaOH) = 0{,}1\ mol \cdot L^{-1}$$

Daraus folgt:

$$pOH = -lg\{c(OH^-)\} = -lg\,0{,}1 = 1$$

Und wegen

$$pH + pOH = 14$$

folgt

$$pH = 14 - pOH = 13$$

Der pH-Wert der Natronlauge beträgt 13.

Starke und schwache Brønsted-Basen und der pK_B-Wert[18]

Wie zu Beginn von Kapitel 3 besprochen, gehört zu jeder Säure HA eine korrespondierende Base A^-. Die folgende Tabelle gibt Namen und Formeln für drei solcher Säure-Base-Paare an, geordnet nach abnehmender Stärke der Säure.

Säure	Base
Chlorwasserstoffsäure HCl	Chlorid-Ion Cl^-
Ethansäure (Essigsäure) CH_3COOH	Ethanoat-Ion (Acetat-Ion) CH_3COO^-
Ammonium-Ion NH_4^+	Ammoniak NH_3

Tab. 7: wichtige Säure-Base-Paare

18 Nach dem geltenden Lehrplan für Baden-Württemberg (2005) ist nur die Kenntnis der Bedeutung des pK_B-Werts verlangt. pH-Berechnungen zu diesem Thema sind nicht vorgeschrieben.

Zwischen der Säurestärke und der Neigung der korrespondierenden Base zur Aufnahme von Protonen besteht ein enger Zusammenhang:

Zu einer starken Säure gehört stets eine schwache korrespondierende Base und umgekehrt.

Beispiel Chlorwasserstoff-Moleküle geben sehr leicht Protonen ab und Chlorid-Ionen sind demnach sehr schwache Protonenakzeptoren.

Die **Stärke einer Säure** mit der allgemeinen Formel HA wird durch die Angabe der Gleichgewichtskonstante für das Gleichgewicht

$$HA + H_2O \rightleftharpoons H_3O^+ + A^-$$

charakterisiert. Entsprechendes ist für die **korrespondierende Base** A^- sinnvoll:

$$A^- + H_2O \rightleftharpoons HA + OH^-$$

Das Massenwirkungsgesetz dafür lautet, bereits vereinfacht für alle verdünnten wässrigen Lösungen:

$$\frac{c(OH^-) \cdot c(HA)}{c(A^-)} = K_B$$

K_B wird als **Basenkonstante** bezeichnet. Sie ist umso größer, je stärker eine Base ist.

Der negative Zehnerlogarithmus des Zahlenwerts der Basenkonstante trägt die Bezeichnung **pK_B-Wert**:

$$pK_B = -\lg\{K_B\}$$

Der folgende Vergleich zeigt den Zusammenhang zwischen der Säurekonstante K_S und der Basenkonstante K_B ihrer korrespondierenden Base:

$$\frac{c(H_3O^+) \cdot c(A^-)}{c(HA)} = K_S \quad \text{und} \quad \frac{c(OH^-) \cdot c(HA)}{c(A^-)} = K_B$$

Das Produkt $K_S \cdot K_B$ ergibt das Ionenprodukt des Wassers, K_W:

$$K_S \cdot K_B = \frac{c(H_3O^+) \cdot c(A^-)}{c(HA)} \cdot \frac{c(OH^-) \cdot c(HA)}{c(A^-)} = c(H_3O^+) \cdot c(OH^-) = K_W$$

Damit gilt auch:

$$pK_S + pK_B = 14$$

Mithilfe der Basenkonstanten können Berechnungen von pH-Werten durchgeführt werden. Die Verfahren entsprechen den bei den Säuren genannten (siehe S. 63 ff.) und werden im Folgenden nur kurz dargestellt.

Starke Basen

Hierfür gibt es nur wenige Beispiele, wie die in den Ionengittern der Metalloxide vorkommenden Oxid-Ionen O^{2-}. Der pK_B-Wert von –10 zeigt, dass es sich um eine starke Base handelt und praktisch alle Oxid-Ionen mit Wasser unter Bildung von Hydroxid-Ionen reagieren.

Beispiel

In einem Labor werden 0,02 mol Lithiumoxid (Li_2O) in so viel Wasser aufgelöst, dass das Volumen der Lösung 125 mL beträgt.
Berechnen Sie den pH-Wert dieser Lösung.

Lösung:
Da bei dieser Reaktion aus nahezu jedem Oxid-Ion zwei Hydroxid-Ionen entstehen, beträgt deren Stoffmengenkonzentration

$$c(OH^-) = 2 \cdot c_0(Li_2O) = 2 \cdot \frac{0{,}02\,\text{mol}}{0{,}125\,\text{L}} = 0{,}32\,\text{mol} \cdot \text{L}^{-1}$$

Daraus folgt

$$pOH = -\lg\{c(OH^-)\} = 0{,}5$$
$$pH = 14 - pOH = 13{,}5$$

Diese Lithiumhydroxid-Lösung hat einen pH-Wert von 13,5.

Schwache Basen

Die pH-Werte von Lösungen schwacher Basen berechnet man analog dem bei den schwachen Säuren besprochenen Verfahren. Bei Basenkonstanten $< 10^{-2}\,\text{mol} \cdot \text{L}^{-1}$ bzw. pK_B-Werten > 2 kann angenommen werden, dass das Gleichgewicht

$$A^- + H_2O \rightleftharpoons OH^- + HA$$

weit genug auf der Seite der Ausgangsstoffe liegt, um das Massenwirkungsgesetz mithilfe der näherungsweise geltenden Gleichung 3 zu vereinfachen:

$$\text{Massenwirkungsgesetz:} \frac{c(OH^-) \cdot c(HA)}{c(A^-)} = K_B \quad (1)$$

$$c(OH^-) = c(HA) \quad (2)$$

$$c_0(\text{Base}) \approx c(A^-) \quad (3)$$

Die Gleichungen 2 und 3 in 1 eingesetzt und nach $c(OH^-)$ aufgelöst liefern:

$$c(OH^-) \approx \sqrt{c_0(\text{Base}) \cdot K_B}$$

Mit dieser Gleichung lassen sich pH-Werte von Ammoniak-Lösungen berechnen, aber auch von Lösungen vieler Salze, die Anionen enthalten, die als Basen reagieren. Beispiele dafür sind Natriumacetat oder Natriumcarbonat.

Beispiel

Berechnen Sie den pH-Wert einer Ammoniak-Lösung der Stoffmengenkonzentration $c_0(NH_3) = 0{,}35\ mol \cdot L^{-1}$.

Lösung:
Ammoniak gehört mit $pK_B = 4{,}76$ zu den schwachen Basen. Die Berechnung erfolgt daher nach der Gleichung

$$c(OH^-) = \sqrt{c_0(Base) \cdot K_B} = \sqrt{0{,}35\ mol \cdot L^{-1} \cdot 10^{-4{,}76}\ mol \cdot L^{-1}}$$

$$c(OH^-) \approx 2{,}5 \cdot 10^{-3}\ mol \cdot L^{-1}$$

Daraus ergibt sich:

$$pOH = 2{,}6 \quad \text{und} \quad pH = 11{,}4$$

Diese Ammoniak-Lösung besitzt einen pH-Wert von 11,4.

Sehr schwache Basen

Zu den sehr starken Säuren gehören sehr schwache korrespondierende Basen. So besitzen etwa die Chlorid-Ionen einen pK_B-Wert von 20. Die Basenkonstante hat daher den außerordentlich kleinen Wert von $K_B = 10^{-20}\ mol \cdot L^{-1}$. Lösungen solcher Basen reagieren daher mit Wasser praktisch nicht mehr unter Bildung zusätzlicher Hydroxid-Ionen. Aus diesem Grund hat eine Natriumchlorid-Lösung pH = 7, sie reagiert also neutral. Das gilt auch für Nitrat-Lösungen, z. B. die von Natriumnitrat. Der pK_B-Wert der Nitrat-Ionen beträgt 15,3.

3.4 Die Gleichgewichtslage bei beliebigen Säure-Base-Reaktionen

pH-Berechnungen zählen nicht zu den wichtigsten Anwendungen der Säure-Base-Theorie nach Brønsted. Die folgenden Kapitel 3.4 bis 3.7 zeigen, dass sie noch viel mehr leisten kann.

Beispiel

Löst man das Salz Ammoniumcarbonat in Wasser auf, so riecht die Lösung stark nach Ammoniak. Wie ist das zu begründen?
Festes Ammoniumcarbonat enthält Ammonium-Ionen mit der Formel NH_4^+ und Carbonat-Ionen mit der Formel CO_3^{2-}. Die Reaktionsgleichung für einen möglichen Protonenübergang in der Lösung lautet:

$$\underset{\text{Säure 1}}{NH_4^+(aq)} + \underset{\text{Base 2}}{CO_3^{2-}(aq)} \rightleftharpoons \underset{\text{Base 1}}{NH_3(aq)} + \underset{\text{Säure 2}}{HCO_3^-(aq)}$$

Wie man sieht, sind zwei Säure-Base-Paare beteiligt, nämlich Ammonium-Ionen und Ammoniak-Moleküle einerseits sowie Hydrogencarbonat-Ionen und Carbonat-Ionen andererseits. Die links vom Gleichgewichtszeichen stehende Säure wird als Säure 1, ihre korrespondierende Base als Base 1 bezeichnet. Die auf der rechten Seite stehende Säure ist Säure 2, ihre korrespondierende Base ist die Base 2. Das Massenwirkungsgesetz für dieses Gleichgewicht lautet:

$$\frac{c(NH_3)\cdot c(HCO_3^-)}{c(NH_4^+)\cdot c(CO_3^{2-})} = K$$

Die Gleichgewichtskonstante K erhält man aus den Säurekonstanten K_{S1} und K_{S2} der beteiligten Säuren 1 und 2. Um dies zu beweisen, muss der Bruch nur mit dem Faktor $c(H_3O^+)$ erweitert werden:

$$\frac{c(H_3O^+)\cdot c(NH_3)}{c(NH_4^+)}\cdot\frac{c(HCO_3^-)}{c(H_3O^+)\cdot c(CO_3^{2-})} = \frac{K_{S1}}{K_{S2}} = \frac{K_S(NH_4^+)}{K_S(HCO_3^-)} = K$$

Mit den aus der Tabelle 15 im Anhang (siehe S. 170) entnommenen Werten für die Säurekonstanten ergibt sich:

$$K = \frac{K_{S1}}{K_{S2}} = \frac{5{,}8\cdot 10^{-10}\ mol\cdot L^{-1}}{4\cdot 10^{-11}\ mol\cdot L^{-1}} = 14{,}5$$

Dieses Gleichgewicht liegt demnach auf der Seite der Endstoffe. Daher sind im Gleichgewichtszustand viele Ammoniak-Moleküle vorhanden, die den Geruch der Lösung verursachen.

Die abgeleitete Beziehung gilt allgemein:

Die Gleichgewichtskonstante jeder Säure-Base-Reaktion erhält man, indem man die Säurekonstante der Säure 1 durch die Säurekonstante der Säure 2 dividiert: $K = \frac{K_{S1}}{K_{S2}}$

Der Wert dieses Bruches ist immer dann größer als 1, wenn die Säure 1 stärker ist als die Säure 2, denn die stärkere Säure hat die größere Säurekonstante. Dann liegt das Gleichgewicht auf der Seite der Produkte. Am leichtesten merkt man sich:

Jedes Säure-Base-Gleichgewicht liegt auf der Seite, auf der sich die schwächere Säure befindet.

Diese Feststellung ist außerordentlich hilfreich, ermöglicht sie doch mit einer kleinen Tabelle der Säurekonstanten Vorhersagen für sehr viele Reaktionsabläufe. Dabei muss noch auf die Frage eingegangen werden, ob man anhand dieser Tabelle auch Aussagen über Säure-Base-Gleichgewichte machen kann, die sich nicht in wässriger Lösung einstellen, denn die Säurekonstanten K_S wurden nur für verdünnte wässrige Lösungen definiert. Unter davon abweichenden Bedingungen werden Rechenergebnisse daher fragwürdig. Beschränkt man sich aber nur auf qualitative Aussagen, so kommt man fast immer zu einem befriedigenden Ergebnis. Das zeigt das folgende Beispiel:

Beispiel

Welche Aussage können Sie über das folgende Gleichgewicht in einer wässrigen Ammoniumchlorid-Lösung machen?

$$NH_4^+(aq) + Cl^-(aq) \rightleftharpoons NH_3(aq) + HCl(aq)$$

Was schließen Sie daraus für die folgende Reaktion?

$$NH_3(g) + HCl(g) \rightleftharpoons NH_4Cl(s)$$

Lösung:

Zur Beurteilung der Gleichgewichtslage in wässriger Lösung schreibt man die Säure-Base-Paare und die Konstanten der beiden Säuren unter die Formeln:

$NH_4^+(aq)$	+	$Cl^-(aq)$	$\rightleftharpoons$	$NH_3(aq)$	+	$HCl(aq)$	
Säure 1		Base 2		Base 1		Säure 2	
$5{,}8 \cdot 10^{-10}$						10^6	K_S in $mol \cdot L^{-1}$

Dieses Gleichgewicht liegt weit auf der Seite der Ionen NH_4^+ und Cl^-, da die Säure 1 die schwächere der beiden Säuren ist. (*Hinweis:* Die Gleichgewichtskonstante hätte den Wert $K = 5{,}8 \cdot 10^{-16}$.)

Überträgt man das für wässrige Lösungen geltende Ergebnis auf eine Reaktion zwischen den Gasen Ammoniak und Chlorwasserstoff, so ergibt sich, dass Ammoniumchlorid sich auch aus gasförmigem Ammoniak und Chlorwasserstoff bilden sollte. Tatsächlich entsteht aus den beiden Gasen ein weißer Rauch aus Ammoniumchlorid. Der sich in Labors auf Salzsäureflaschen immer wieder bildende Belag besteht aus diesem beständigen Salz.

NH_3	+	HCl	$\rightleftharpoons$	NH_4^+	+	Cl^-
Base 2		Säure 1		Säure 2		Base 1

Erhitzt man jedoch Ammoniumchlorid im Reagenzglas, so läuft diese Reaktion in umgekehrter Richtung ab: Ammoniumchlorid zerfällt wieder in Chlorwasserstoff und Ammoniak. Auch das ist verständlich, da diese Gase bei hoher Temperatur entweichen, also aus dem Gleichgewicht entfernt werden. Nach dem Prinzip von Le Châtelier stellt sich das Gleichgewicht in der Folge neu ein, wodurch sich nach und nach die ganze Ammoniumchlorid-Portion zersetzt.

3.5 Indikatoren

Säure-Base-Gleichgewichte liegen auch in den Lösungen der Indikatoren vor. Indikatoren sind organische Farbstoffe, die als schwache Säuren reagieren. Sie zeichnen sich dadurch aus, dass die Säure HInd eine andere Farbe bewirkt als ihre korrespondierende Base Ind^-:

$$\underset{\text{Indikatorsäure, Farbe 1}}{HInd} + H_2O \rightleftharpoons \underset{\text{korr. Indikatorbase, Farbe 2}}{Ind^-} + H_3O^+$$

Nach dem Prinzip von Le Châtelier ist das in der Lösung des Indikators vorliegende Gleichgewicht durch Änderung der Stoffmengenkonzentration $c(H_3O^+)$ beeinflussbar:

- Erhöhung von $c(H_3O^+)$: Bei Zugabe einer sauren Lösung wird die Konzentration $c(Ind^-)$ geringer, weil sich das Gleichgewicht nach links verschiebt. Dadurch wird die Farbe der Indikatorsäure erkennbar.
- Verringerung von $c(H_3O^+)$: Durch Erhöhung des pH-Wertes, etwa durch Zugabe einer alkalischen Lösung, wird $c(HInd)$ kleiner, weil sich das Gleichgewicht auf die rechte Seite verschiebt. Die Farbe der Indikatorbase wird sichtbar.

Wenn die Konzentrationen $c(Ind^-)$ und $c(HInd)$ gleich groß sind, zeigt ein Zweifarbenindikator seine Mischfarbe. Bei welchem pH-Wert diese auftritt, lässt sich leicht berechnen:

$$K_S = \frac{c(H_3O^+) \cdot c(Ind^-)}{c(HInd)}$$

Mit $c(Ind^-) = c(HInd)$ erhält man:

$$K_S = c(H_3O^+)$$

$$pK_S = pH$$

Der Indikator schlägt also um, wenn der pH-Wert der Lösung gleich dem pK_S-Wert der Indikatorsäure ist. In vielen Fällen ist der damit verbundene Farbwechsel allerdings wegen auftretender Mischfarben nicht gut erkennbar. Eine sichere Unterscheidung wird meist erst dann möglich, wenn eines der beiden Teilchen in zehnfachem Überschuss vorliegt. Solche Messungen sind folglich nicht sehr genau.

Zur Messung von pH-Werten in einem größeren Bereich kommen Gemische aus mehreren Indikatoren zum Einsatz, deren Umschlagsbereiche bei pH-Werten zwischen 1 und 13 liegen. Solche **Universalindikatoren** ermöglichen die Bestimmung von pH-Werten mit einer Genauigkeit von $\Delta pH = \pm 0{,}5$.

3.6 Puffersysteme

Der pH-Wert ist eine wichtige Eigenschaft jeder Lösung. Viele (bio)chemische Reaktionen, vor allem auch das Leben in natürlichen Gewässern, werden vom pH-Wert entscheidend beeinflusst.
Gibt man nur einen einzigen Tropfen Salzsäure in ein Reagenzglas mit reinem Wasser, so sinkt der pH-Wert stark ab. Ein Tropfen Natronlauge bewirkt einen entsprechend starken Anstieg des pH-Werts. Beide Effekte lassen sich durch den Einsatz von **Pufferlösungen** weitgehend verhindern.

> **Pufferlösungen** halten den pH-Wert bei Zugabe von sauren oder alkalischen Lösungen weitgehend konstant.

Im Labor wird häufig der Essigsäure-Acetat- oder der Ammoniumchlorid-Ammoniak-Puffer eingesetzt. Wie solche Pufferlösungen funktionieren, zeigt das folgende Beispiel.

eispiel

Zur Herstellung eines Essigsäure-Acetat-Puffers kann man 1 mol Essigsäure mit 1 mol Natriumacetat versetzen und so lange Wasser zugeben, bis das Volumen der Lösung 1 L beträgt. In dieser Lösung stellt sich folgendes Gleichgewicht ein:

$$CH_3COOH + H_2O \rightleftharpoons H_3O^+ + CH_3COO^-$$

Die Funktionsweise dieses Puffers ist einfach zu erklären: Bei Zugabe von sauren Lösungen stehen als Reaktionspartner die in großer Anzahl vorhandenen Acetat-Ionen zur Verfügung.

$$CH_3COO^- + H_3O^+ \rightleftharpoons CH_3COOH + H_2O$$

Base 2	Säure 1	Säure 2	Base 1	
	–1,74	4,76		pK_S

Dieses Gleichgewicht liegt auf der Seite der Säure 2, sodass praktisch alle zugegebenen Oxonium-Ionen umgesetzt werden.
Auch zugegebene alkalische Lösungen reagieren. Zuständig für die Umsetzung der Hydroxid-Ionen sind jetzt die Essigsäure-Moleküle:

$$CH_3COOH + OH^- \rightleftharpoons CH_3COO^- + H_2O$$

Säure 1	Base 2	Base 1	Säure 2	
4,76			15,74	pK_S

Auch in diesem Fall bewirkt die Gleichgewichtslage eine zuverlässige Beseitigung nahezu aller Hydroxid-Ionen der zugegebenen alkalischen Lösung.

Das gilt allgemein:

Als Pufferlösungen geeignet sind Gemische aus schwachen Säuren und ihren korrespondierenden Basen.

Der pH-Wert eines Puffers lässt sich mithilfe des Massenwirkungsgesetzes berechnen:

Beispiel

Der vereinfachte Massenwirkungsgesetz-Ausdruck für dieses Gleichgewicht lautet:

$$\frac{c(H_3O^+)\cdot c(CH_3COO^-)}{c(CH_3COOH)} = K_S$$

Der pH-Wert dieses Puffers ergibt sich durch eine einfache Umformung der Gleichung. Im Gegensatz zu einer reinen Essigsäure-Lösung sind jetzt allerdings die Stoffmengenkonzentrationen $c(CH_3COOH)$ und $c(CH_3COO^-)$ mit jeweils $1\ mol \cdot L^{-1}$ annähernd gleich groß. Die Säurekonstante K_S kann der Tabelle 15 auf Seite 170 entnommen werden und beträgt $10^{-4{,}76}\ mol \cdot L^{-1}$. Daraus ergibt sich der pH-Wert dieser Pufferlösung:

$$c(H_3O^+) = \frac{c(CH_3COOH)}{c(CH_3COO^-)} \cdot K_S = \frac{1 mol \cdot L^{-1}}{1 mol \cdot L^{-1}} \cdot 10^{-4{,}76}\ mol \cdot L^{-1}$$

$$pH = -lg(10^{-4{,}76}) = 4{,}76$$

Der pH-Wert des Puffers ist demnach genauso groß wie der pK_S-Wert der in der Puffersubstanz enthaltenen Säure. Das gilt allgemein, falls bei der Herstellung des Puffers Säure und korrespondierende Base im Stoffmengenverhältnis 1 mol : 1 mol zusammengegeben werden:

$$pH(\text{Pufferlösung}) = pK_S(\text{Puffersäure})$$

Wichtig bei der Herstellung von Pufferlösungen ist, dass die Reaktionspartner in ausreichend hoher Stoffmengenkonzentration vorhanden sind. Andernfalls haben die Lösungen nur geringe **Pufferkapazität**.

Wird zur Eichung eines pH-Messgeräts oder für eine physiologisch wichtige Lösung ein Puffer mit einem geringfügig kleineren oder größeren pH-Wert als dem durch den pK_S-Wert der Puffersäure vorgegebenen benötigt, muss nur das Stoffmengenverhältnis von Säure und Base etwas verändert werden.

Die Wirksamkeit einer Pufferlösung lässt sich durch eine Rechnung demonstrieren:

Beispiel Zu 1 L einer Pufferlösung mit $c(CH_3COOH) = c(CH_3COO^-) = 0{,}1\ mol \cdot L^{-1}$ g ($pK_S = 4{,}76$) gibt man 10 mL Salzsäure mit $c_0(HCl) = 1\ mol \cdot L^{-1}$. In einem zweiten Versuch werden10 mL Natronlauge der Konzentration $c(OH^-) = 1\ mol \cdot L^{-1}$ zu 1 L einer solchen Pufferlösung gegeben.
Berechnen Sie für beide Experimente den pH-Wert, der sich nach der Zugabe der Säure bzw. Lauge einstellt. (Die Volumenänderung der Lösungen soll dabei unberücksichtigt bleiben.)

Lösung:
Nach den Reaktionsgleichungen für die Wirkung einer Pufferlösung ergeben sich die Konzentrationen nach der Säurezugabe:

$$c(CH_3COOH) = (0{,}1 + 0{,}01)\ mol \cdot L^{-1} = 0{,}11\ mol \cdot L^{-1}$$

und

$$c(CH_3COO^-) = (0{,}1 - 0{,}01)\ mol \cdot L^{-1} = 0{,}09\ mol \cdot L^{-1}$$

Setzt man diese Werte in das Massenwirkungsgesetz ein, dann erhält man:

$$c(H_3O^+) = K_S \cdot \frac{c(CH_3COOH)}{c(CH_3COO^-)} = 10^{-4{,}76}\ mol \cdot L^{-1} \cdot \frac{0{,}11\ mol \cdot L^{-1}}{0{,}09\ mol \cdot L^{-1}} = 2{,}12 \cdot 10^{-5}\ mol \cdot L^{-1}$$

und

$$pH = -\lg\{c(H_3O^+)\} = 4{,}67$$

Für die Laugenzugabe ergibt sich entsprechend

$$c(CH_3COOH) = (0{,}1 - 0{,}01)\ mol \cdot L^{-1} = 0{,}09\ mol \cdot L^{-1}$$

und

$$c(CH_3COO^-) = (0{,}1 + 0{,}01)\ mol \cdot L^{-1} = 0{,}11\ mol \cdot L^{-1}$$

Eingesetzt in das Massenwirkungsgesetz ergibt sich:

$$c(H_3O^+) = K_S \cdot \frac{c(CH_3COOH)}{c(CH_3COO^-)} = 10^{-4{,}76}\ mol \cdot L^{-1} \cdot \frac{0{,}09\ mol \cdot L^{-1}}{0{,}11\ mol \cdot L^{-1}} = 1{,}42 \cdot 10^{-5}\ mol \cdot L^{-1}$$

und

$$pH = -\lg\{c(H_3O^+)\} = 4{,}85$$

Ohne die Pufferlösung wäre der pH-Wert bei der Zugabe von 10 mL Salzsäure mit $c_0(HCl) = 1\ mol \cdot L^{-1}$ zu 1L Wasser auf pH = 2 abgefallen. Entsprechendes gilt für die Zugabe von Natronlauge. Pufferlösungen sind also ein sehr wirksames Mittel, um Änderungen des pH-Wertes zu verhindern.

Der bereits genannte Ammoniumchlorid-Ammoniak-Puffer besitzt die Ammonium-Ionen NH_4^+ als Säure und Ammoniak-Moleküle als Base. Er puffert im alkalischen Bereich, da gilt:

$$pH = pK_S(NH_4^+) = 9{,}24$$

Seine Funktion ist ansonsten analog der des Essigsäure-Acetat-Puffers.

Geeignete Pufferlösungen lassen sich für nahezu jeden pH-Bereich finden: Im menschlichen Körper sind die **Puffersysteme des Blutes** von größter Bedeutung. Arterielles Blut hat einen pH-Wert von 7,4, der nur geringfügig unter- oder überschritten werden darf. Wie die Tabelle der pK_S-Werte zeigt, kommen dafür der Kohlensäure-Hydrogencarbonat-Puffer und der Dihydrogenphosphat-Hydrogenphosphat-Puffer infrage. Die Formeln der Puffersubstanzen sind H_2CO_3 und $NaHCO_3$ bzw. NaH_2PO_4 und Na_2HPO_4. Um den erforderlichen pH-Wert von 7,4 zu erreichen, muss das Stoffmengenverhältnis der Puffersubstanzen durch den Organismus angepasst werden. Soll dieses Verhältnis berechnet werden, müsste man berücksichtigen, dass die pK_S-Werte bei Körpertemperatur nicht mit den Werten unserer Tabelle übereinstimmen. Als zusätzliche Puffersubstanz steht im Blut das Hämoglobin zur Verfügung. Hier zeigt sich, wie präzise und mit hoher Sicherheit komplizierte Vorgänge im Organismus geregelt werden.

3.7 Säure-Base-Titrationen

Die **Titration** ist ein Verfahren zur **quantitativen Analyse**. Mit ihrer Hilfe kann festgestellt werden, wie viel von einer Säure oder Base in einer Substanzprobe enthalten ist. Aufgrund der großen Bedeutung saurer und alkalischer Lösungen in der Praxis zählen solche Bestimmungen zu den wichtigsten Aufgaben in Labor und Industrie überhaupt. Die Anwendungen reichen von der bereits in der Mittelstufe durchgeführten einfachen Analyse eines Speiseessigs oder einer Limonade bis zur Überprüfung der Rauchgase eines Kraftwerks auf Säure bildende Bestandteile.

Alle Titrationen erfolgen nach dem gleichen Prinzip: Zu der Analysenlösung wird eine Lösung mit bekannter Stoffmengenkonzentration gegeben, die so genannte **Maßlösung**. Die beiden Lösungen reagieren miteinander, wobei es bei der Säure-Base-Titration zu einer als **Neutralisation** bekannten Reaktion kommt. Sie beruht auf einer Umsetzung von Oxonium-Ionen mit Hydroxid-Ionen nach der Gleichung:

$$H_3O^+ + OH^- \longrightarrow 2\,H_2O \quad \text{bzw.}$$

$$H^+(aq) + OH^-(aq) \longrightarrow H_2O$$

Als Maßlösungen werden häufig Salzsäure oder Natronlauge eingesetzt. Die Stoffmengenkonzentrationen betragen meist $c = 1 \text{ mol} \cdot L^{-1}$ oder $c = 0{,}1 \text{ mol} \cdot L^{-1}$. Das sind relativ niedrige Werte, sodass der Umgang mit diesen Substanzen auch im Schülerpraktikum problemlos möglich ist.

Die folgende Abbildung gibt den Versuchsaufbau für eine solche Titration wieder und zeigt außerdem die bei Titrationen zur Messung des Volumens verwendeten Glasgeräte.

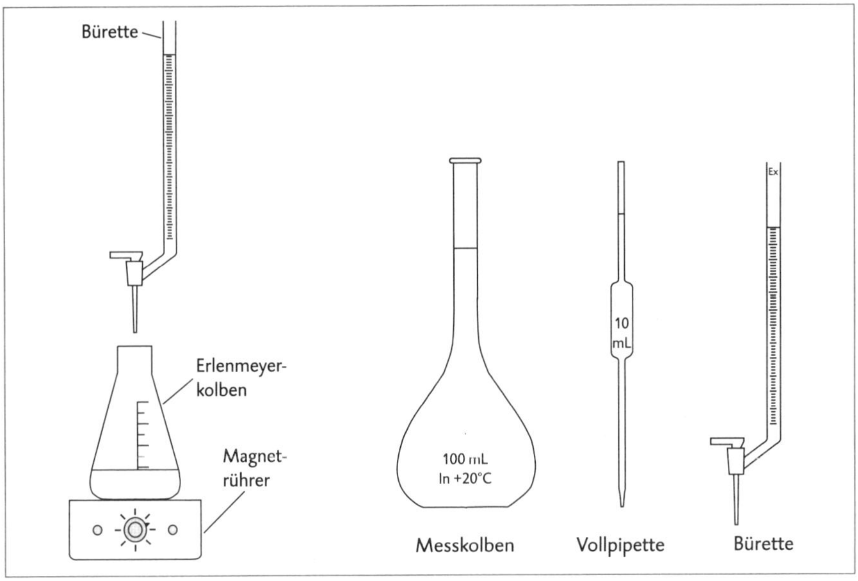

Abb. 16: Aufbau zur Titration (links) und drei Laborgeräte zur Messung des Volumens (rechts)

Gearbeitet wird nach folgender Vorschrift: Eine Portion der Analysensubstanz, meist sind es 10 mL, wird mithilfe einer Vollpipette in den Erlenmeyerkolben gegeben, mit einer ausreichend großen Portion destillierten Wassers verdünnt und mit wenigen Tropfen der Lösung eines geeigneten Säure-Base-Indikators versetzt. Die Verdünnung der Analysensubstanz bewirkt, dass eventuell am Glasrand haftende Tropfen abgespült werden und der Farbumschlag des Indikators besser zu beobachten ist. Dann wird der Flüssigkeitsstand der Maßlösung an der Bürette abgelesen und die Titration kann beginnen. Unter ständigem Rühren wird die Maßlösung tropfenweise in den Erlenmeyerkolben gegeben, bis der Farbumschlag des Indikators das Ende der Titration anzeigt. Der Verbrauch an Maßlösung wird durch Ablesen an der Bürette bestimmt.

Die Anzahl möglicher Varianten der Säure-Base-Titration ist sehr groß. Auch die zuvor angegebene Gleichung für die Neutralisation saurer und alkalischer Lösungen bedarf noch einiger ergänzender Hinweise: Bekanntlich haben bei starken Säuren in wässriger Lösung praktisch alle Säure-Moleküle mit Wasser unter Bildung von H_3O^+-Ionen reagiert. Im Falle einer Chlorwasserstoff-Lösung („Salzsäure") mit $K_S \approx 10^6\ mol \cdot L^{-1}$ liegt das folgende Gleichgewicht daher sehr weit auf der rechten Seite:

$$HCl(aq) + H_2O \rightleftharpoons H_3O^+ + Cl^-(aq)$$

Bei schwachen Säuren, wie z. B. Essigsäure, liegt das entsprechende Gleichgewicht weit auf der Seite der Ausgangsstoffe:

$$CH_3COOH(aq) + H_2O \rightleftharpoons H_3O^+ + CH_3COO^-(aq)$$

Welche Folgen das für die Titration hat, zeigt Abbildung 17. Die **Titrationskurven** wurden dadurch erhalten, dass der pH-Wert während der Titration gemessen und gegen das Volumen der zugesetzten Natronlauge-Portion aufgetragen wurde, was heutzutage mithilfe eines Computers und eines elektrischen pH-Messgerätes leicht zu bewerkstelligen ist. Die Anfangskonzentrationen c_0 der beiden Säuren waren gleich groß.

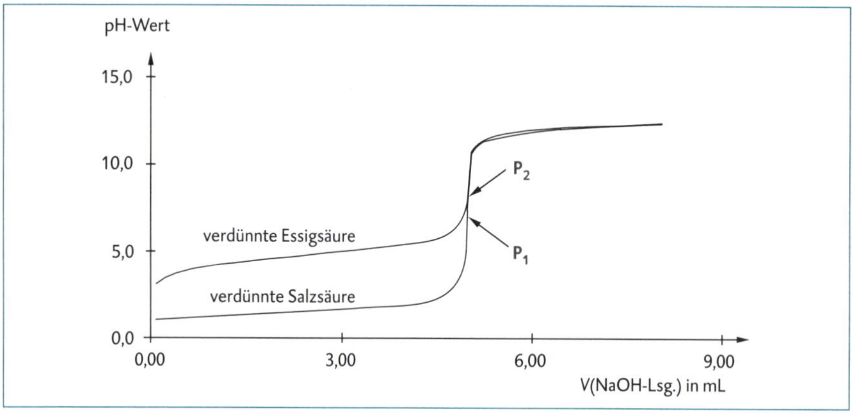

Abb. 17: Titrationskurve für die Titration von verdünnter Salzsäure bzw. verdünnter Essigsäure mit Natronlauge

Die unterschiedliche Stärke der beiden Säuren bewirkt zu Beginn der Titration verschiedene pH-Werte: Die stärkere Säure besitzt bei gleicher Anfangskonzentration c_0 die größere Konzentration an H_3O^+-Ionen und damit den niedrigeren pH-Wert. Auf den Verbrauch an Maßlösung bei den beiden Experimenten wirkt sich das jedoch nicht aus. Durch Reaktion der Oxonium-

Ionen mit den Hydroxid-Ionen der zufließenden Natronlauge stellen sich die Gleichgewichte in beiden Säurelösungen immer wieder neu ein. Außerdem reagieren die Säuremoleküle auch direkt mit den Hydroxid-Ionen, im Falle der Essigsäure nach der Gleichung:

$$CH_3COOH\,(aq) + OH^-\,(aq) \rightleftharpoons CH_3COO^-\,(aq) + H_2O$$

Daraus folgt, dass der Verbrauch an Maßlösung bei der Titration beider Säuren exakt gleich groß ist, wenn diese zu Beginn die gleichen Stoffmengenkonzentrationen und das gleiche Volumen hatten.

Unterschiede ergeben sich aber bei den für diese Bestimmung am besten geeigneten Indikatoren. Abgeschlossen sind die Titrationen beim Erreichen des „Äquivalenzpunktes". Dort besitzen die Titrationskurven einen Wendepunkt. In Abbildung 17 ist **P_1** der Äquivalenzpunkt für die Titration der salzsauren, **P_2** ist der Äquivalenzpunkt für die essigsaure Lösung. P_1 und P_2 liegen bei genau dem gleichen Volumen der zugesetzten Natronlauge, aber bei verschiedenen pH-Werten. Für eine optimale Genauigkeit der Titration sollte demnach ein Indikator verwendet werden, der beim pH-Wert am Äquivalenzpunkt eine markante Farbänderung zeigt. Abbildung 18 und Tabelle 8 zeigen verschiedene Möglichkeiten.

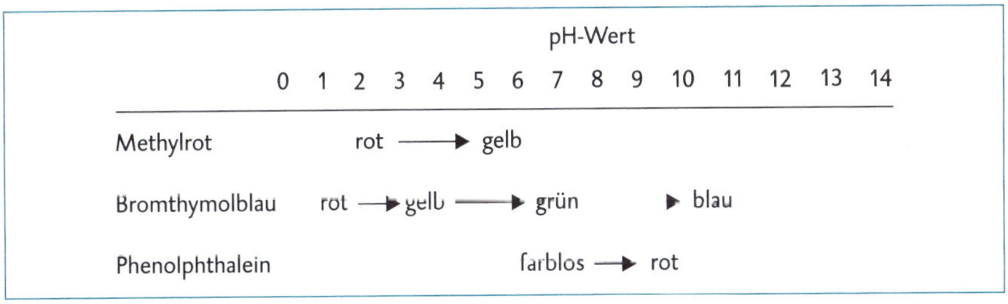

Abb. 18: Umschlagbereiche wichtiger pH-Indikatoren

Die Indikatoren eignen sich daher für die folgenden Titrationen:

Indikator	Titration	pH-Wert am Äquivalenzpunkt
Bromthymolblau	HCl/NaOH	7
Phenolphthalein	CH_3COOH/NaOH	≈ 9
Methylrot	NH_3/HCl	≈ 5

Tab. 8: Geeignete Indikatoren für häufige Säure-Base-Titrationen

Tabelle 8 zeigt auch, wie bei der Titration einer Ammoniak-Lösung mit Salzsäure zu verfahren ist. Da Ammoniak eine relativ schwache Base ist, liegen die Verhältnisse analog der Titration von Essigsäure mit Natronlauge. Nur beginnt die Titrationskurve bei pH-Werten um 11 bis 12 und fällt dann auf den sehr niedrigen pH-Wert der als Maßlösung verwendeten Salzsäure ab.

Die Auswertung von Titrationsergebnissen erfolgt immer nach dem gleichen Schema: Zunächst wird eine vereinfachte Reaktionsgleichung formuliert. Für die Titration von Essigsäure mit Natronlauge lautet sie:

$$CH_3COOH\,(aq) + NaOH\,(aq) \longrightarrow CH_3COONa\,(aq) + H_2O$$

Daraus folgt für die Stoffmengen:

$$n(CH_3COOH) = n(NaOH)$$

Mit $c = n \cdot V^{-1}$ ergibt sich daraus die **Grundgleichung der Titration:**

$$c_0(CH_3COOH) \cdot V(\text{Essigsäure-Lösung}) = c_0(NaOH) \cdot V(\text{Natronlauge})$$

Beispiel

Zur Herstellung einer Maßlösung für das Schülerpraktikum wurden 40 g (1 mol) Natriumhydroxid in Wasser gelöst und mit destilliertem Wasser auf das Volumen von 1 L verdünnt. Da Natriumhydroxid aus der Luft leicht Feuchtigkeit anzieht, wurde die Stoffmengenkonzentration dieser Natronlauge durch Titration mit Salzsäure ($c_0(HCl) = 1{,}0\ mol \cdot L^{-1}$) überprüft. Für 10 mL Natronlauge wurden 9,8 mL Salzsäure benötigt.
Welcher Indikator sollte bei dieser Titration verwendet werden?
Berechnen Sie die Stoffmengenkonzentration der Natronlauge.

Lösung:
Da hier eine stark alkalisch reagierende Metallhydroxid-Lösung mit einer starken Säure titriert wird, eignet sich Bromthymolblau als Indikator. Man titriert bis zum Farbumschlag nach Grün, da der Äquivalenzpunkt bei pH = 7 liegt.
Die Grundgleichung der Titration lautet in diesem Fall:

$$c_0(HCl) \cdot V(\text{Salzsäure}) = c_0(NaOH) \cdot V(\text{NaOH-Lösung})$$

Die einzige Unbekannte in dieser Gleichung ist $c_0(NaOH)$. Durch Auflösen ergibt sich:

$$c_0(NaOH) = \frac{c_0(HCl) \cdot V(\text{Salzsäure})}{V(\text{NaOH-Lösung})} = \frac{1{,}00\ mol \cdot L^{-1} \cdot 9{,}8\ mL}{10\ mL} = 0{,}98\ mol \cdot L^{-1}$$

Die Stoffmengenkonzentration der selbst hergestellten Natronlauge beträgt $c_0(NaOH) = 0{,}98\ mol \cdot L^{-1}$.

Titration von zwei- und dreiprotonigen Säuren

Auch die Stoffmengenkonzentration einer zweiprotonigen Säure wie Schwefelsäure kann durch Titration mit Natronlauge bestimmt werden. Als sehr starke Säure zerfällt Schwefelsäure in wässriger Lösung praktisch vollständig unter Bildung von Oxonium- und Hydrogensulfat-Ionen HSO_4^-. Letztere geben auch noch relativ leicht Protonen ab, sodass bei Zugabe von Natronlauge insgesamt folgende Reaktion abläuft:

$$H_2SO_4\,(aq) \;+\; 2\,NaOH\,(aq) \longrightarrow Na_2SO_4\,(aq) \;+\; 2\,H_2O$$

Weil die Stoffmenge der Natriumhydroxid-Portion doppelt so groß wie die der Schwefelsäure-Portion ist, gilt:

$$2\,n(H_2SO_4) = n(NaOH)$$

Die Grundgleichung der Titration lautet damit:

$$2\,c_0(H_2SO_4) \cdot V(H_2SO_4\text{-Lösung}) = c_0(NaOH) \cdot V(NaOH\text{-Lösung})$$

Die dreiprotonige Phosphorsäure H_3PO_4 kann nicht mehr einfach mit Natronlauge titriert werden. Die HPO_4^{2-}-Ionen geben so schwer Protonen ab, dass der Äquivalenzpunkt zu sehr hohen pH-Werten verschoben wird, sodass er sich weder aus der Titrationskurve entnehmen noch mithilfe von Indikatoren erkennen lässt.

Zusammenfassung

- Der heute verwendete Säure-Base-Begriff geht auf N. BRØNSTED und T. LOWRY zurück: **Säuren** geben H^+-Ionen ab, sind also **Protonendonatoren**. **Basen** nehmen H^+-Ionen auf. Sie sind **Protonenakzeptoren**.
- Der Übergang eines Protons von einer Säure zu einer Base wird als **Säure-Base-Reaktion** oder Protonenübergang (**Protolyse**) bezeichnet.
- Auch in reinstem Wasser stellt sich ein Säure-Base-Gleichgewicht ein:
  $$2\,H_2O \rightleftharpoons H_3O^+ + OH^-$$
  Man spricht von einer **Autoprotolyse**, da Wasser sowohl Säure als auch Base ist.
- Der vereinfachte Massenwirkungsgesetz-Ausdruck für die Autoprotolyse des Wassers lautet: $c(H_3O^+) \cdot c(OH^-) = K_W$. Dieser Ausdruck wird als **Ionenprodukt des Wassers** bezeichnet. Bei 25 °C beträgt sein Wert $K_W = 10^{-14}\ mol^2 \cdot L^{-2}$.
- Als **pH-Wert** wird der negative Zehnerlogarithmus des Zahlenwerts der Stoffmengenkonzentration $c(H_3O^+)$ definiert: $pH = -\lg\{c(H_3O^+)\}$
  Für reines Wasser gilt: $c(H_3O^+) = c(OH^-) = 10^{-7}\ mol \cdot L^{-1}$ und damit pH = 7.
- Die konventionelle pH-Skala reicht von 0 bis 14. Dabei steht ein **pH < 7** für eine **saure** Lösung, **pH = 7** für eine **neutrale** Lösung und **pH > 7** für eine **alkalische** Lösung.
- Die **Stärke einer Säure** mit der allgemeinen Formel HA wird durch die Lage des folgenden Gleichgewichts beschrieben:
  $$HA + H_2O \rightleftharpoons H_3O^+ + A^-$$
  Der vereinfachte Massenwirkungsgesetz-Ausdruck dafür lautet
  $$\frac{c(H_3O^+) \cdot c(A^-)}{c(HA)} = K_S$$
  K_S wird als Säurekonstante, ihr negativer Zehnerlogarithmus als **pK_S-Wert** bezeichnet: $pK_S = -\lg\{K_S\}$
- **pH-Berechnungen** erfolgen am besten über Näherungen:

starke Säure	$c(H_3O^+) \approx c_0(\text{Säure})$	$(K_S > 10^2\ mol \cdot L^{-1})$
schwache Säure	$c(H_3O^+) \approx \sqrt{K_S \cdot c_0(\text{Säure})}$	$(K_S < 10^{-2}\ mol \cdot L^{-1})$
Metallhydroxid-Lösung	$c(OH^-) \approx \nu \cdot c_0(Me(OH)_\nu)$	

- **Pufferlösungen** halten den pH-Wert bei Zugabe von saurer oder alkalischer Lösung sowie beim Verdünnen weitgehend konstant. Sie können aus einer schwachen Säure und ihrer korrespondierenden Base hergestellt werden.
- Die Stoffmengenkonzentration c_0 einer Säure oder Base kann durch **Titration** bestimmt werden. Das Ergebnis wird aus dem Volumen der zur Neutralisation benötigten Maßlösung berechnet, deren Konzentration bekannt ist.

Aufgaben

15. Formulieren Sie für die angegebenen Teilchen jeweils eine Säure-Base-Reaktion in wässriger Lösung. Das zuerst angegebene Teilchen ist stets die Säure.
   a $H_3PO_4 + NH_3$ b $H_2SO_4 + OH^-$
   c $CH_3COOH + NH_3$ d $H_2S + CH_3COO^-$

16. Formulieren Sie für alle in Aufgabe 15 angegebenen Teilchen das korrespondierende Säure-Base-Paar.

17. Formulieren Sie mit den nachfolgend angegebenen Teilchen denkbare Säure-Base-Reaktionen mit Wasser. Bei welchen Teilchen handelt es sich um Ampholyte?
   H_2SO_4, NH_3, H_2CO_3, HCO_3^-, CH_3COOH, HNO_3

18. Entnehmen Sie die notwendigen Werte aus Tabelle 3 (siehe S. 57) und berechnen Sie die Stoffmengenkonzentrationen der in Ammoniak durch die Autoprotolyse entstandenen Ionen.

19. Berechnen Sie den pH-Wert einer Lösung, die durch Einleiten von 0,001 mol Chlorwasserstoff in Wasser hergestellt worden ist und das Volumen $V = 1$ L besitzt. Gehen Sie davon aus, dass alle HCl-Moleküle mit Wasser zu H_3O^+- und Cl^--Ionen umgesetzt werden.

20. 1 Liter einer gesättigten Magnesiumhydroxid-Lösung [$Mg(OH)_2$] enthält $6{,}5 \cdot 10^{-5}$ mol Magnesiumhydroxid. Wie groß ist der pH-Wert der Lösung?

Entnehmen Sie für die folgenden Aufgaben die K_S- und K_B-Werte aus der Tabelle 15 auf Seite 170.

21. Perchlorsäure ($HClO_4$) ist eine sehr starke Säure. Berechnen Sie den pH-Wert einer wässrigen Lösung mit c_0(Perchlorsäure) = 0,3 mol · L^{-1}.

22. Berechnen Sie den pH-Wert einer Lösung von Natriumhydroxid (NaOH) in Wasser mit c_0(NaOH) = 0,5 mol · L^{-1}.

23. 100 mL Speiseessig enthalten 5 g Essigsäure (M(Essigsäure) = 60 g · mol^{-1}). Berechnen Sie den pH-Wert von Speiseessig.

24. Berechnen Sie den pH-Wert einer Lösung, die 0,01 mol Calciumhydroxid [$Ca(OH)_2$] enthält und deren Volumen $V = 1$ L beträgt.

25. Schätzen Sie für die folgenden Säure-Base-Reaktionen zunächst die Gleichgewichtslage ab. Berechnen Sie danach die Gleichgewichtskonstante K.

a $CH_3COOH + NH_3 \rightleftharpoons$

b $H_2S + CO_3^{2-} \rightleftharpoons$

26. In einer Natriumhydrogencarbonat-Lösung ($NaHCO_3$) zeigt der Indikator Phenolphthalein eine schwache Violettfärbung.
Welchen pH-Wert hat die Lösung mindestens? Begründen Sie Ihre Antwort.

27. Zwei Lösungen enthalten in gleicher Konzentration
a Ammoniumsulfat ($(NH_4)_2SO_4$)
b Natriumcarbonat (Na_2CO_3)

Sie können mithilfe von Indikatoren unterschieden werden. Erläutern Sie die Vorgehensweise.

28. Warum besitzt eine Ammoniumacetat-Lösung (CH_3COONH_4) Puffereigenschaften?

29. Eine Pufferlösung mit pH = 9 soll aus Ammoniak (NH_3) und Ammoniumnitrat (NH_4NO_3) hergestellt werden.
Berechnen Sie das Verhältnis $c(NH_3) : c(NH_4NO_3)$ für diese Lösung.
(*Hinweis:* $pK_S(NH_4^+) = 9{,}24$)

30. Ein für den Gebrauch im Haushalt geeigneter Essig sollte im Liter ungefähr 50 g reine Essigsäure enthalten. Er kann durch Verdünnung von Essigessenz, einer Essigsäure-Lösung mit einer Massenkonzentration von β(Essigsäure) $\approx 250\ g \cdot L^{-1}$, selbst hergestellt werden.
Die Überprüfung eines so hergestellten Essigs kann auf folgende Weise durchgeführt werden: 10 mL Essig werden mit einer Vollpipette in einen Erlenmeyerkolben gegeben, verdünnt und mit Natronlauge der Stoffmengenkonzentration $c_0 = 1\ mol \cdot L^{-1}$ titriert. Der Verbrauch an Natronlauge beträgt V(NaOH-Lsg.) = 9,25 mL.
Entspricht dieser Essig der genannten Vorgabe?

31. Die Stoffmengenkonzentration der im Labor eingesetzten konzentrierten Ammoniak-Lösung soll im Schülerpraktikum bestimmt werden. Dazu entnimmt der Lehrer aus der „Ammoniakflasche“ 10 mL Lösung mit der Vollpipette, gibt sie in einen Messkolben und verdünnt mit destilliertem Wasser auf das Volumen V = 100 mL. Diese Lösung dient den Schülergruppen als Analysenlösung.
Entwerfen Sie einen Analysenplan für dieses Problem, fordern Sie die benötigten Geräte und Chemikalien an, führen Sie damit die Analyse durch und erläutern Sie, wie die Stoffmengenkonzentration der konzentrierten Ammoniak-Lösung aus Ihren Messergebnissen berechnet werden kann.

Elektrochemie

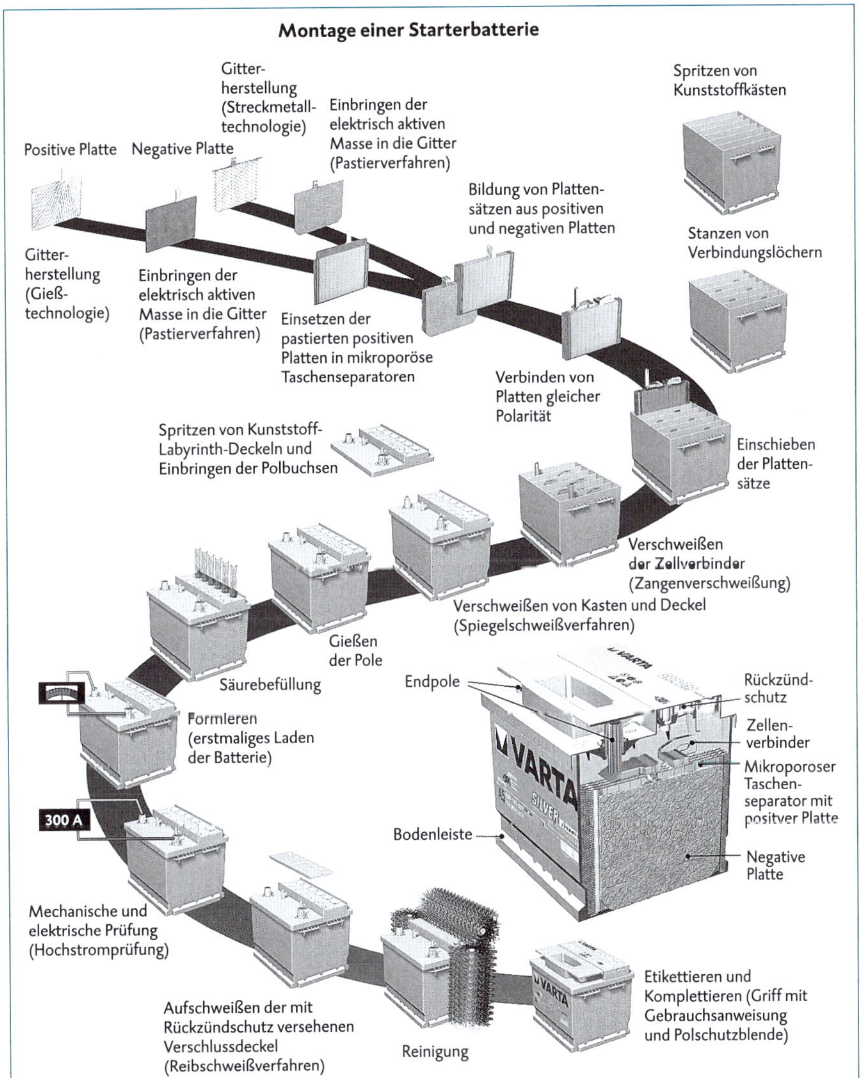

Elektrochemische Vorgänge spielen in der chemischen Industrie und im Alltag eine bedeutende Rolle: Ohne Schmelzflusselektrolyse wäre der Siegeszug des Leichtmetalls Aluminium nicht möglich gewesen und auf die kleinen und großen Spannungsquellen z. B. für Uhren, Handys, Taschenlampen, Laptops und den bekannten „Bleiakku“ im Pkw (siehe Abbildung) möchte niemand mehr verzichten.

1 Redoxreaktionen

1.1 Die Begriffe Oxidation und Reduktion

Reaktionen mit Sauerstoff spielen in der unbelebten und in der belebten Natur eine wichtige Rolle. Früher bezeichnete man eine Reaktion, bei der sich das Element Sauerstoff mit einem anderen Stoff verbindet, als **Oxidation**. Eine Reaktion, bei der ein Stoff Sauerstoff abgibt, wurde **Reduktion** genannt.

Beispiel

Magnesium kann mit dem Sauerstoff der Luft reagieren. Dabei bildet sich die Ionenverbindung Magnesiumoxid:

$$2\,Mg + O_2 \longrightarrow 2\,MgO$$

Magnesiumoxid besteht aus zweifach positiv geladenen Magnesium-Ionen und zweifach negativ geladenen Oxid-Ionen.

Ganz analoge Beobachtungen kann man aber auch bei der Reaktion von Magnesium mit anderen Stoffen machen, z. B. mit Brom:

Beispiel

$$Mg + Br_2 \longrightarrow MgBr_2$$

Auch hier bildet sich ein aus Ionen aufgebautes Salz, das in geschmolzenem Zustand und in wässriger Lösung den elektrischen Strom leitet. Bei beiden Reaktionen geben Magnesiumatome Elektronen ab, die Nichtmetallatome nehmen diese Elektronen auf:

Elektronenabgabe:	Mg	$\longrightarrow$	$Mg^{2+} + 2\,e^-$
Elektronenaufnahme:	$O_2 + 4\,e^-$	$\longrightarrow$	$2\,O^{2-}$
bzw.	$Br_2 + 2\,e^-$	$\longrightarrow$	$2\,Br^-$

Diese anhand der beiden Reaktionen gezeigte Gemeinsamkeit hat zur Erweiterung des bis dahin gültigen Oxidations- bzw. Reduktionsbegriffes geführt:

Die **Abgabe** von Elektronen wird als **Oxidation**, die **Aufnahme** von Elektronen als **Reduktion** bezeichnet.

Da ein Reaktionspartner Elektronen nur dann abgeben kann, wenn ein anderer Reaktionspartner diese Elektronen aufnimmt, können Oxidations- und Reduktionsreaktionen nur gleichzeitig und in Abhängigkeit voneinander ablaufen. Man spricht von einer Elektronenaustausch- oder **Redoxreaktion**.

Ein Teilchen (Atom, Ion, Molekül), das Elektronen aufnimmt wird als **Oxidationsmittel** oder **Elektronenakzeptor** bezeichnet.
Gibt ein Teilchen Elektronen ab, so wird es als **Reduktionsmittel** oder **Elektronendonator** bezeichnet.

Beispiel

Die Reaktion von Zink mit Brom verläuft nach der Reaktionsgleichung:

$$Zn + Br_2 \longrightarrow ZnBr_2$$

Dafür lassen sich die folgenden Teilgleichungen formulieren:

- Oxidation (Elektronenabgabe):

$$Zn \longrightarrow Zn^{2+} + 2\,e^-$$

- Reduktion (Elektronenaufnahme):

$$Br_2 + 2\,e^- \longrightarrow 2\,Br^-$$

Da die Zink-Atome bei dieser Reaktion Elektronen abgeben, wirken sie als Reduktionsmittel. Die Brom-Moleküle nehmen diese Elektronen auf, sie sind das Oxidationsmittel.

Umkehrbarkeit von Redoxreaktionen

Redoxreaktionen sind umkehrbare Vorgänge. Analog zu den Säure-Base-Reaktionen, bei denen Protonen ausgetauscht werden, vollzieht sich bei Redoxreaktionen ein Austausch von Elektronen. Ein Reduktionsmittel („Red") wird durch Abgabe von z Elektronen zum Oxidationsmittel („Ox"). Umgekehrt kann das Oxidationsmittel durch Elektronenaufnahme wieder zum Reduktionsmittel werden:

$$\text{Red} \rightleftharpoons \text{Ox} + z\,e^-$$

Jedem Reduktionsmittel lässt sich also ein Oxidationsmittel zuordnen, an einer Redoxreaktion sind demnach immer zwei **Redoxpaare** beteiligt:

Redoxpaar 1 (Red 1 / Ox 1)

$$\text{Red 1} + \text{Ox 2} \rightleftharpoons \text{Ox 1} + \text{Red 2}$$

Redoxpaar 2 (Ox 2 / Red 2)

Beispiel

Für die besprochene Reaktion von Zink mit Brom ergibt die Zuordnung der Redoxpaare:

$$\underset{\text{Red 1}}{Zn} + \underset{\text{Ox 2}}{Br_2} \rightleftharpoons \underset{\text{Ox 1}}{Zn^{2+}} + \underset{\text{Red 2}}{2\,Br^-}$$

Zn/Zn^{2+} ist demnach das erste, $2\,Br^-/Br_2$ das zweite Redoxpaar.

1.2 Bestimmung von Oxidationszahlen

Wenn an einer Redoxreaktion nur Ionen beteiligt sind, so ist die Zerlegung in Teilschritte leicht möglich und man erkennt den Elektronenübergang sofort. Bei der Reaktion von Wasserstoff mit Sauerstoff ist das anders:

$$2\,H_2 + O_2 \longrightarrow 2\,H_2O$$

Auch diese so genannte Knallgasreaktion ist eine Redoxreaktion im Sinne der zuvor genannten Definitionen. Allerdings liegen im Wassermolekül keine Ionenbindungen, sondern polare Atombindungen vor. Um auch solche Reaktionen einordnen zu können, hat man den Begriff der Oxidationszahl eingeführt:

> Die **Oxidationszahl** ist eine gedachte Ladung, die man erhält, wenn man die Bindungselektronen jeweils dem Atom mit der größeren Elektronegativität zuordnet.

Zur Unterscheidung von Ionenladungen werden Oxidationszahlen in den Formeln als arabische oder römische Zahlen über die Elementsymbole geschrieben[19].

Beispiel

Im Wassermolekül ordnet man die beiden bindenden Elektronenpaare dem Sauerstoffatom zu, da es die größere Elektronegativität besitzt. Sauerstoff erhält damit die Oxidationszahl –II, Wasserstoff +I.

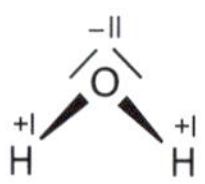

Über die Valenzstrichformeln lassen sich alle Oxidationszahlen in Molekülen schnell und sicher bestimmen. Zusätzlich und vor allem bei Ionenverbindungen helfen einige Regeln:

1. Elemente haben immer die Oxidationszahl 0.
2. In Molekülen ist die Summe aller Oxidationszahlen 0.
3. Bei Ionen ist die Summe der Oxidationszahlen gleich der Ionenladung.
4. Metalle tragen immer positive Oxidationszahlen.
5. Wasserstoff hat fast immer die Oxidationszahl +I.
6. Sauerstoff hat meistens die Oxidationszahl –II. In Peroxiden hat Sauerstoff die Oxidationszahl –I.

19 Im Gegensatz zur Ladungszahl von Ionen, deren Platz rechts oben vom Elementsymbol ist.

Beispiele

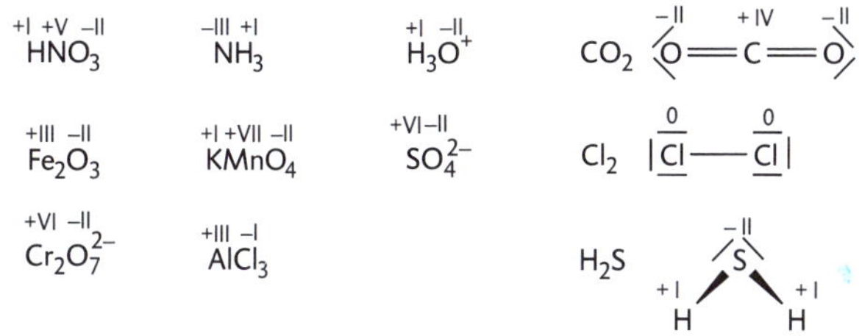

Besonders einfach ist die Bestimmung der Oxidationszahlen in der organischen Chemie anhand der Valenzstrichformeln unter Berücksichtigung der Elektronegativität der Bindungspartner:

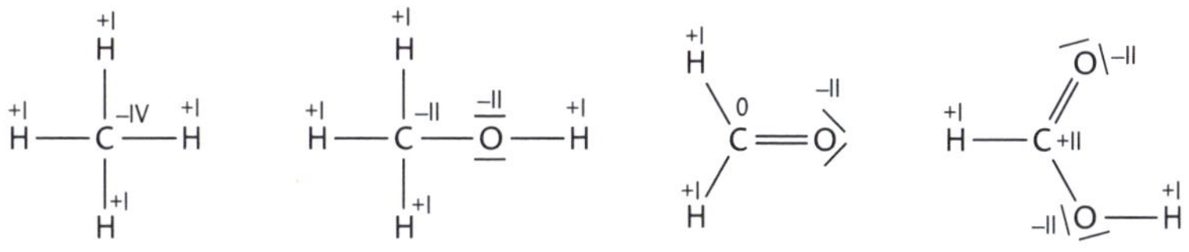

Mithilfe der Oxidationszahlen lässt sich auf einfache Weise erkennen, ob eine Redoxreaktion abgelaufen ist, und welcher Reaktionspartner oxidiert bzw. reduziert wurde.

> Steigt die Oxidationszahl eines Atoms bei einer Reaktion, zeigt dies die **Oxidation** an. Verringert sich die Oxidationszahl eines Atoms bei einer Reaktion, so erfolgt eine **Reduktion**.

Beispiel

Wendet man die besprochenen Regeln auf die Reaktion zwischen Wasserstoff und Sauerstoff an, so erkennt man, dass es sich hierbei um eine Redoxreaktion handelt. Wasserstoff wird oxidiert, Sauerstoff reduziert:

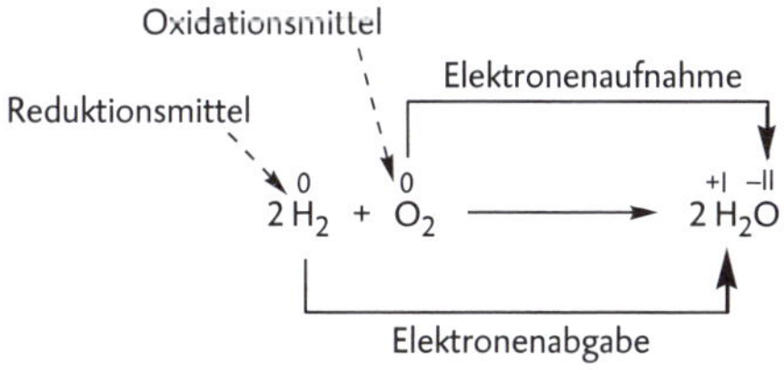

Oxidationszahlen spielen auch bei der Namensgebung anorganischer Verbindungen eine wichtige Rolle. Sie werden in Klammern hinter den Elementnamen geschrieben.

Beispiele

Die Bezeichnung Kupfer(II)-oxid zeigt, dass Kupfer in dieser Verbindung die Oxidationszahl +II besitzt:

Kupfer(II)-oxid: $\overset{\text{II}}{Cu}\overset{-\text{II}}{O}$

Analog gilt dies auch z. B. für

Eisen(III)-oxid: $\overset{+\text{III}}{Fe_2}\overset{-\text{II}}{O_3}$

Eisen(II)-oxid: $\overset{+\text{II}}{Fe}\overset{-\text{II}}{O}$

Kupfer(I)-sulfid: $\overset{+\text{I}}{Cu_2}\overset{-\text{II}}{S}$

1.3 Aufstellen und Ausgleichen von Redoxgleichungen

Durch die Einführung der Oxidationszahlen können auch sehr komplizierte Redoxgleichungen aufgestellt und ausgeglichen werden. Das zeigt folgendes Beispiel:

Beispiel

Kaliumpermanganat ($KMnO_4$) reagiert mit konzentrierter Salzsäure, HCl (aq). Dabei entstehen elementares Chlor (Cl_2), Mangandichlorid ($MnCl_2$) und Kaliumchlorid (KCl) sowie Wasser. Formulieren Sie für diesen Vorgang eine Reaktionsgleichung.

Lösung:

1. Aufstellung einer unvollständigen Formelgleichung, Bestimmung der Oxidationszahlen, Zuordnung von Oxidation und Reduktion:

$$\overset{+\text{I}}{K}\overset{+\text{VII}}{Mn}\overset{-\text{II}}{O_4} + \overset{+\text{I}}{H}\overset{-\text{I}}{Cl} \longrightarrow \overset{0}{Cl_2} + \overset{+\text{II}}{Mn}\overset{-\text{I}}{Cl_2} + \overset{+\text{I}}{K}\overset{-\text{I}}{Cl} + \overset{+\text{I}}{H_2}\overset{-\text{II}}{O}$$

Oxidation

Reduktion

2. Erstellung der Teilgleichungen für Oxidation und Reduktion. Dabei muss man durch die Wahl geeigneter Koeffizienten dafür sorgen, dass die Anzahl der aufgenommen gleich der Anzahl der abgegebenen Elektronen ist.

$$\textbf{Oxidation:}\quad 2\,(\overset{-\text{I}}{Cl}) \longrightarrow \overset{0}{Cl_2} + 2\,e^- \quad |\cdot 5$$

$$\textbf{Reduktion:}\quad (\overset{+\text{VII}}{Mn}) + 5\,e^- \longrightarrow (\overset{+\text{II}}{Mn}) \quad |\cdot 2$$

3. Zusammenfassen der beiden Teilgleichungen liefert die Koeffizienten für die eigentliche Redoxreaktion:

$$2\,KMnO_4 + 10\,HCl \longrightarrow 5\,Cl_2 + 2\,MnCl_2 + 2\,KCl + \_\ H_2O$$

4. Bestimmung der restlichen Koeffizienten:
   Da auf der rechten Seite der Gleichung Cl-Atome bzw. Cl-Ionen vorkommen, deren Oxidationszahl sich nicht geändert hat, werden zusätzliche Cl-Atome benötigt. Zuletzt wird noch die Anzahl der entstehenden Wasser-Moleküle bestimmt. Sie beträgt 8, weil vor der Formel HCl die Zahl 16 steht und vor der Formel $KMnO_4$ die Zahl 2.

$$2\,KMnO_4 + 16\,HCl \longrightarrow 5\,Cl_2 + 2\,MnCl_2 + 2\,KCl + 8\,H_2O$$

Solche Reaktionsgleichungen zählen zu den schwierigsten, die überhaupt vorkommen können.

2 Galvanische Elemente

Die Geschichte der Elektrochemie begann im 18. Jahrhundert mit den beiden italienischen Naturwissenschaftlern Luigi GALVANI und Alessandro VOLTA. L. GALVANI war Arzt und entdeckte, dass die Schenkel getöteter Frösche beim Berühren mit Metalldrähten zuckten. Er nahm an, im Muskel sei Elektrizität vorhanden und bezeichnete das Phänomen daher als „tierische Elektrizität".
Eine Erklärung für Galvanis Beobachtungen fand der Physiker A. VOLTA. Sein Augenmerk galt aber den Metallen, mit denen die Froschschenkel berührt worden waren. Nach langwierigen Experimenten konnte Volta seine Theorie der „metallischen Elektrizität" vorstellen. Er ordnete die Metalle in einer Reihe an, wobei die Kombination zweier Metalle umso stärkere Elektrizität hervorruft, je weiter sie auseinander stehen:

Zink – Blei – Zinn – Eisen – Kupfer – Silber – Gold

2.1 Die Redoxreihe der Metalle

Bei Redoxreaktionen, an denen Metalle beteiligt sind, geben die Metallatome Elektronen ab und gehen in Ionen über. Aber auch der umgekehrte Fall kommt vor. Um abschätzen zu können, in welche Richtung solche Reaktionen ablaufen, kann folgende Versuchsreihe durchgeführt werden:

Beispiel

Kupfer- Zink- und Silberstäbe werden in Kupfersulfat-, Zinksulfat- und Silbernitrat-Lösung eingetaucht. Die Tabelle 9 fasst die Beobachtungen zusammen.

Metall	zugegeben zu: ZnSO$_4$-Lösung	CuSO$_4$-Lösung	AgNO$_3$-Lösung
Zink	keine Reaktion	schwarzer Belag auf der Zink-Oberfläche	schwarzer Belag auf der Zink-Oberfläche
Kupfer	keine Reaktion	keine Reaktion	schwarzer Belag auf der Kupfer-Oberfläche
Silber	keine Reaktion	keine Reaktion	keine Reaktion

Tab. 9: Ergebnisse einer Versuchsreihe zur Ermittlung der Richtung von Redoxreaktionen

Der schwarze Belag auf der Oberfläche der eingetauchten Metallstäbe besteht aus einer dünnen Schicht des Metalls, dessen Ionen in der jeweiligen Lösung vorliegen.

Taucht man einen Kupferstab in eine Silbernitrat-Lösung, so scheidet sich metallisches Silber auf der Kupferoberfläche ab, d. h. Ag^+-Ionen werden zu metallischem Silber reduziert. Die hierfür notwendigen Elektronen stammen aus dem Kupferstab. Dort werden Kupferatome zu Kupfer-Ionen oxidiert. Es findet also eine Redoxreaktion zwischen Kupferatomen und Silber-Ionen statt:

Oxidation: $Cu \longrightarrow Cu^{2+} + 2\,e^-$

Reduktion: $2\,Ag^+ + 2\,e^- \longrightarrow 2\,Ag$

Eine entsprechende Reaktion läuft ab, wenn man einen Zinkstab in Silbernitrat- oder Kupfersulfat-Lösung taucht. Ein Silberstab ist durch keine der gegebenen Lösungen oxidierbar.

Die Ergebnisse aus dem vorangegangenen Beispiel ermöglichen es, die drei Metalle nach abnehmendem Reduktionsvermögen anzuordnen. Die vorgestellten Versuche zeigen, dass ein Metallatom die Ionen jedes Metalls reduzieren kann, das in der folgenden Anordnung unter ihm steht:

Metallatome	Redoxpaare	Metallionen
zunehmendes Reduktions-vermögen ↑	$Zn \mid Zn^{2+}$	↓ zunehmendes Oxidations-vermögen
	$Cu \mid Cu^{2+}$	
	$Ag \mid Ag^+$	

Abb. 19: Anordnung von Redoxpaaren nach der Stärke der reduzierenden bzw. oxidierenden Wirkung

Ähnliche Experimente können auch mit Nichtmetallen durchgeführt werden. Chlor kann Bromid-Ionen zu Brom und Iodid-Ionen zu Iod oxidieren. Brom kann Iodid-Ionen, nicht aber Chlorid-Ionen oxdieren. Deshalb gilt für diese drei Redoxpaare der Nichtmetalle die folgende Anordung:

Ionen der Nichtmetalle	Redoxpaare	Moleküle
zunehmendes Reduktions-vermögen ↑	$2\,I^- \mid I_2$ $2\,Br^- \mid Br_2$ $2\,Cl^- \mid Cl_2$	↓ zunehmendes Oxidations-vermögen

Abb. 20: Auch Nichtmetalle bilden Redoxpaare, die sich nach der Stärke der oxidierenden und reduzierenden Wirkung anordnen lassen.

Redoxreihen für Metalle und Nichtmetalle ordnen die Redoxpaare nach der Stärke ihrer oxidierenden bzw. reduzierenden Wirkung.

2.2 Das DANIELL-Element

Mit einer geeigneten Versuchsanordnung kann der Elektronenübergang zwischen Zink-Atom und Kupfer-Ionen auch als elektrischer Strom nachgewiesen werden. Hierzu müssen die Reaktionspartner räumlich voneinander getrennt werden, sodass der Elektronenfluss durch ein Messgerät erfasst werden kann. Eine solche Versuchsanordnung bezeichnet man allgemein als **galvanisches Element** oder als **galvanische Zelle**. Abbildung 21 zeigt das Zink-Kupfer-Element. Diese spezielle galvanische Zelle ist auch unter dem Namen **DANIELL-Element** bekannt und war eines der ersten technisch genutzten galvanischen Elemente.

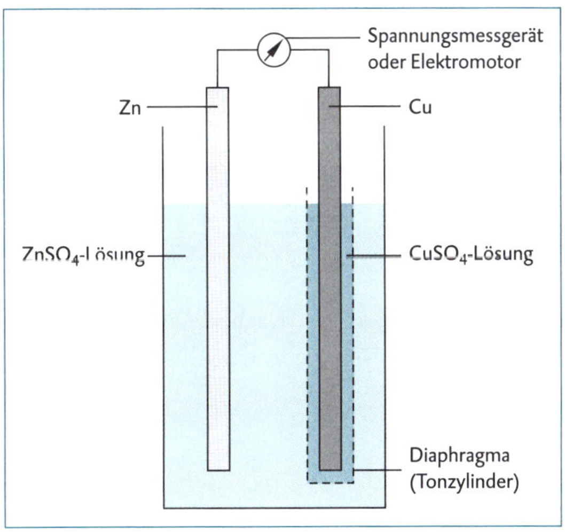

Abb. 21: Das Zink-Kupfer-Element

Ein Kupferstab taucht in eine Kupfersulfat-Lösung, ein Zinkstab in eine Zinksulfat-Lösung. Die beiden Lösungen sind durch einen Tonzylinder getrennt, der als **Diaphragma** wirkt. Das Diaphragma verhindert, dass die Kupfer-Ionen

direkt mit den Zink-Atomen reagieren, gewährleistet aber gleichzeitig den Ladungsausgleich zwischen den beiden Reaktionsräumen. Diese bezeichnet man als **Halbzellen**.
Die beiden Halbzellen sind über ein Spannungsmessgerät oder einen elektrischen Verbraucher miteinander verbunden. Ein galvanisches Element kann also als Spannungsquelle benutzt werden und elektrische Energie liefern.

Ein **galvanisches Element** besteht aus zwei **Halbzellen** und kann elektrische Energie liefern.

Jedes galvanische Element kann durch eine Kurzschreibweise, das „Zellendiagramm" beschrieben werden. Für das DANIELL-Element lautet diese:

$Zn/Zn^{2+}//Cu/Cu^{2+}$

Die Grenze zwischen Elektrode und Lösung wird durch einen Schrägstrich angedeutet, die beiden Halbzellen werden durch einen doppelten Schrägstrich getrennt. Links schreibt man meist die Halbzelle, die Elektronen liefert (**Donatorhalbzelle, Minuspol**), rechts die Halbzelle, die Elektronen aufnimmt (**Akzeptorhalbzelle, Pluspol**).

Elektrodenreaktionen und Elektrodenbezeichnung

Die Redoxreaktionen in einem galvanischen Element laufen an **Elektroden** ab. Diese können aus einem Metall oder aus Graphit bestehen. Sogar Metalle, deren Oberfläche von einem in die Lösung eingeleiteten Gas umströmt wird, sind möglich.

Als **Anode** wird immer diejenige Elektrode bezeichnet, an der eine **Oxidation** erfolgt. **Kathode** wird die Elektrode genannt, an der eine **Reduktion** abläuft.

An der Anode werden Elektronen abgegeben, an der Kathode aufgenommen. Die Anode stellt den Minuspol der galvanischen Zelle dar, die Kathode den Pluspol.[20]

20 Beachten Sie den Unterschied zu der aus dem Mittelstufenunterricht bekannten Elektrolysezelle. Dort ist der Minuspol die Kathode, der Pluspol die Anode. Wie man noch sehen wird, führt das aber zu keinerlei Widersprüchen.

Die elektrochemischen Vorgänge lassen sich durch zwei Halbzellenreaktionen beschreiben. Zusammengefasst ergeben sie die Gesamtreaktion (siehe auch Abb. 23):

$Zn(s)$	$\longrightarrow$	$Zn^{2+}(aq) + 2\,e^-$	Oxidation (Donatorhalbzelle; Minuspol)
$Cu^{2+}(aq) + 2\,e^-$	$\longrightarrow$	$Cu(s)$	Reduktion (Akzeptorhalbzelle; Pluspol)
$Zn(s) + Cu^{2+}(aq)$	$\longrightarrow$	$Zn^{2+}(aq) + Cu(s)$	Gesamtreaktion

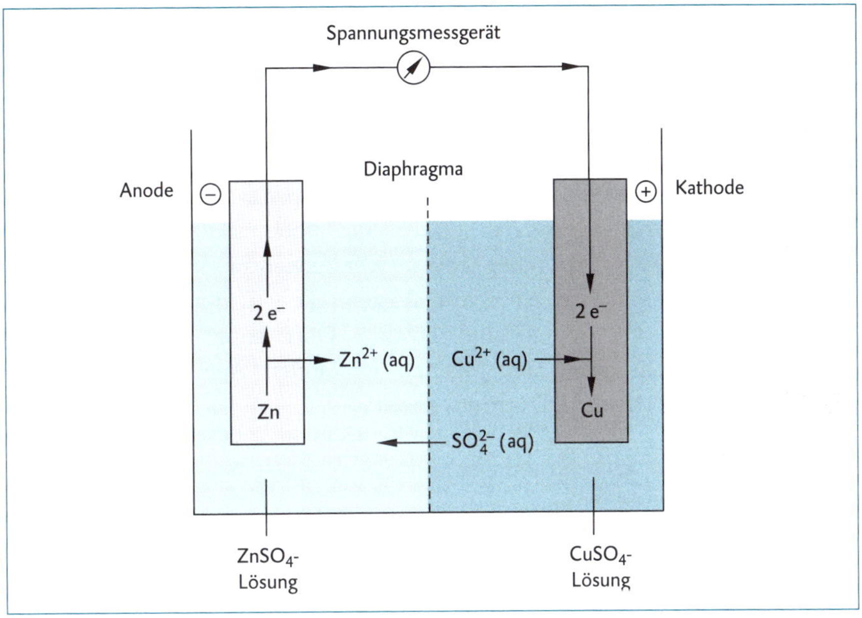

Abb. 23: Elektrodenreaktionen und Elektronenfluss im DANIELL-Element

Zwischen beiden Elektroden besteht eine **Potenzialdifferenz** ΔE. Verbindet man die Elektroden des DANIELL-Elements über ein Spannungsmessgerät miteinander, so kann man diese Potenzialdifferenz messen. Sie beträgt ca. 1,1 V.

2.3 Entstehung von Halbzellenpotenzialen

Taucht man eine Metall-Elektrode in eine Lösung, die Ionen des Metalls enthält, so laufen zwei Vorgänge gleichzeitig ab: Einerseits verlassen positiv geladene Metall-Ionen das Metallgitter, das dadurch einen Überschuss an negativer Ladung erhält, andererseits treten ständig positiv geladene Metall-Ionen aus der Lösung in das Gitter ein.

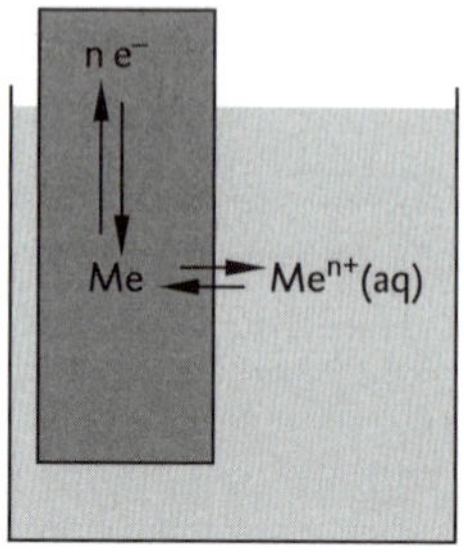

Abb. 24: Einstellung eines Redoxgleichgewichtes an der Oberfläche einer Elektrode

Anfangs laufen beide Vorgänge unterschiedlich schnell ab, dann stellt sich an der Elektrodenoberfläche ein für jedes Metall typisches Gleichgewicht ein: Bei unedlen Metallen wie Zink liegt dieses Gleichgewicht eher auf der Seite der Ionen, bei edlen Metallen, wie Kupfer oder Silber, ist es umgekehrt. Dadurch besitzt jedes Metall ein anderes elektrisches Potenzial. Abhängig ist das Elektrodenpotenzial auch von der Stoffmengenkonzentration der Ionen in der Lösung und der Temperatur. Abbildung 25 zeigt die Situation an einer solchen Grenzfläche zwischen Metall und Lösung. Dort kommt es infolge der zwischen elektrisch geladenen Teilchen wirkenden Anziehungskräfte zur Bildung einer **elektrischen Doppelschicht**.

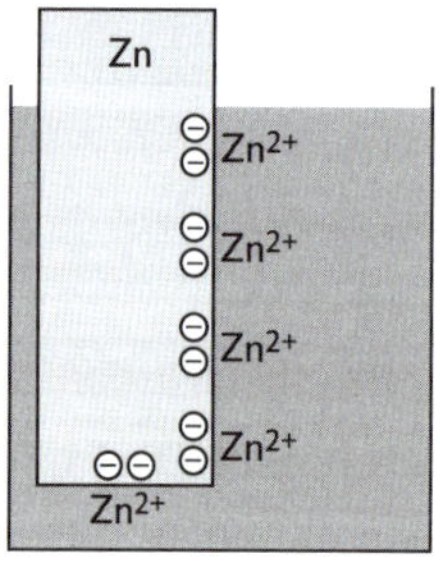

Abb. 25: Ausbildung einer elektrischen Doppelschicht aus Elektronen und Ionen an einer Zinkelektrode

Verbindet man die beiden Elektroden elektrisch leitend miteinander, so fließen Elektronen vom unedleren Metall Zink zum edleren Metall Kupfer. Durch den Abfluss der Elektronen am Zink wird das elektrochemische Gleichgewicht gestört. Nach dem Prinzip von Le Châtelier gehen daraufhin vermehrt Zink-Ionen in Lösung. Am Kupfer ist es umgekehrt. Die ankommenden Elektronen werden zur Entladung von Kupfer-Ionen benutzt.

Weitere Kombinationen verschiedener Metalle sind denkbar. Unter Standardbedingungen besitzen entsprechend konstruierte Halbzellen aus Metallen und Lösungen ihrer Salze die folgenden Potenzialdifferenzen bzw. Spannungen:

Beispiele

$Zn/Zn^{2+}// Fe/Fe^{2+}$: $\Delta E^0 = U = 0{,}35\,V$

$Zn/Zn^{2+}// Ag/Ag^{+}$: $\Delta E^0 = U = 1{,}55\,V$

$Fe/Fe^{2+}// Cu/Cu^{2+}$: $\Delta E^0 = U = 0{,}75\,V$

$Fe/Fe^{2+}// Ag/Ag^{+}$: $\Delta E^0 = U = 1{,}20\,V$

2.4 Die Standard-Wasserstoffhalbzelle

Die im vorhergehenden Abschnitt beschriebenen Potenzialdifferenzen von Metall-Elektroden zeigen einen wichtigen Zusammenhang: Die gemessenen Werte verhalten sich additiv.

Beispiel

Hat man die Potenzialdifferenz zwischen einer Eisen- und einer Silber-Halbzelle gemessen ($U = 1{,}20$ V) und danach die Eisen-Halbzelle mit einer Kupfer-Halbzelle kombiniert ($U = 0{,}75$ V), so kann man die Potenzialdifferenz zwischen der Silber-Halbzelle und der Kupfer-Halbzelle durch eine einfache Subtraktion berechnen. Sie beträgt $U = 1{,}20\ V - 0{,}75\ V = 0{,}45\ V$.

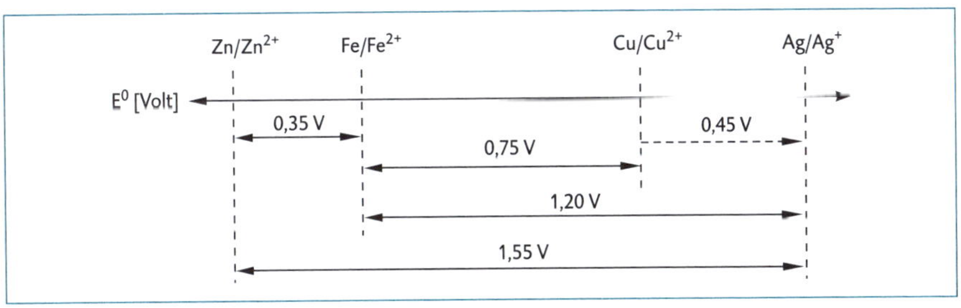

Abb. 26: Grafische Darstellung der Potenzialdifferenzen verschiedener Halbzellen

Diese Gesetzmäßigkeit verringert die Anzahl der erforderlichen Messwerte ganz erheblich. Es reicht, für jede Halbzelle die Potenzialdifferenz zu einer ausgewählten Halbzelle anzugeben. Oder anders ausgedrückt: Man wählt für alle Potenzialangaben ein Bezugssystem. In der wissenschaftlichen Praxis ist als Bezugselektrode die **Standard-Wasserstoff-Halbzelle** festgelegt worden. Sie besteht aus einem mit fein verteiltem Platin[21] überzogenen Platin-Blech. Unterhalb dieser „platinierten" Platin-Elektrode wird Wasserstoff aus der Stahlflasche in die Lösung geleitet, sodass sie ständig vom Gas umströmt wird. Sie taucht in eine saure Lösung mit $c(H_3O^+) = 1\ mol \cdot L^{-1}$.

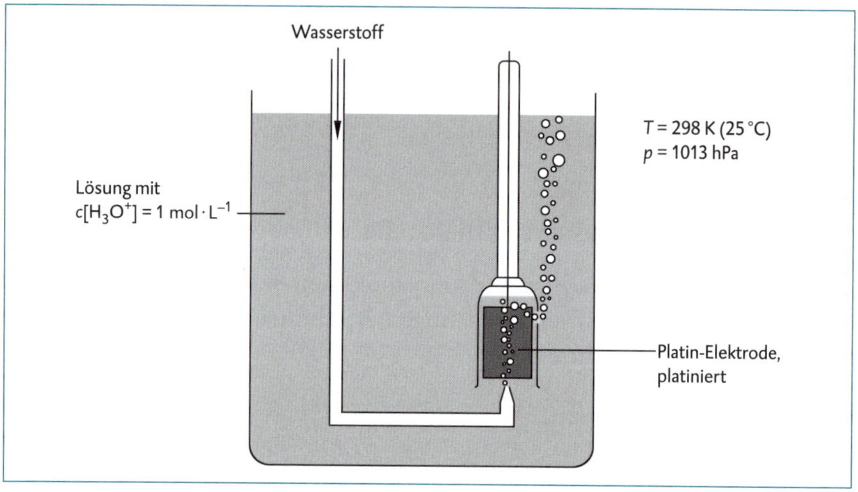

Abb. 27: Aufbau der Standard-Wasserstoff-Halbzelle

Da die Lage der sich an Elektroden einstellenden Gleichgewichte auch von der Temperatur und im Falle des Wasserstoffs sogar vom Druck abhängt, müssen auch diese Werte festgelegt werden. **Standardbedingungen** liegen vor, wenn die Temperatur 25 °C bzw. $T = 298$ K, der Druck $p = 1\ 013$ hPa[22] und die Stoffmengenkonzentration aller in Lösung vorliegender Reaktionspartner für den Elektrodenvorgang $c = 1\ mol \cdot L^{-1}$ beträgt.
An der platinierten Platin-Elektrode stellt sich das folgende elektrochemische Gleichgewicht ein:

$$H_2(g) \rightleftharpoons 2\,H^+(aq) + 2\,e^-$$

Oder anders formuliert, unter Berücksichtigung der Tatsache, dass eigentlich Oxonium-Ionen vorliegen:

$$H_2(g) + 2\,H_2O \rightleftharpoons 2\,H_3O^+ + 2\,e^-$$

21 Dieser Platin-Überzug wird durch Elektrolyse erzeugt, ist tiefschwarz und besitzt eine im Vergleich zum blanken Platinblech erheblich größere aktive Oberfläche.
22 Neuerdings sind es 1 000 hPa.

Der Aufbau der Wasserstoff-Elektrode ist kompliziert. Mit ihrer Hilfe sind aber sehr genaue Messungen möglich. Die Abbildung 28 zeigt, wie das Standard-Elektrodenpotenzial des Metalls Zink auf diese Weise ermittelt wird.

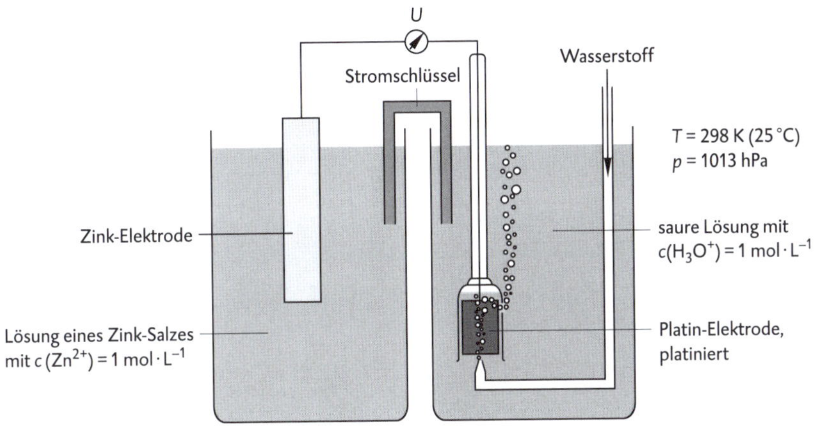

Abb. 28: Anordnung zur Bestimmung des Standard-Elektrodenpotenzials $Zn(s) \rightleftharpoons Zn^{2+}(aq) + 2\,e^-$. Statt des Diaphragmas verbindet hier ein Stromschlüssel die beiden Halbzellen. Er ist mit einer Salzlösung gefüllt und kann ein Diaphragma ersetzen.

Die Zink-Elektrode lädt sich bei diesem Experiment negativ auf und die gemessene Spannung beträgt $U = 0{,}76$ Volt. Daher beträgt das Standard-Elektrodenpotenzial für das Gleichgewicht:

$$Zn(s) \rightleftharpoons Zn^{2+}(aq) + 2\,e^- \qquad E^0 = -0{,}76 \text{ Volt}$$

Die Tabelle 16 im Anhang (siehe S. 171 f.) enthält Standard-Elektrodenpotenziale für die wichtigsten Metalle und wird vereinfacht auch als **Spannungsreihe** bezeichnet. Für die Standard-Wasserstoff-Halbzelle findet man dort erwartungsgemäß den Wert $E^0 = 0$ Volt.

Als Bezugssystem für die Angabe von Elektrodenpotenzialen ist das Potenzial der **Standard-Wasserstoff-Elektrode** festgelegt worden. Es gilt: $E^0(H_2/2\,H^+) = 0$ Volt.

An sehr vielen Redoxreaktionen sind auch **Nichtmetalle** und ihre Verbindungen beteiligt. Die Tabelle 16 auf S. 172 enthält z. B. das folgende Gleichgewicht:

$$2\,Cl^-(aq) \rightleftharpoons Cl_2(g) + 2\,e^- \qquad E^0 = +1{,}36 \text{ Volt}$$

Gemessen werden solche Potenziale ebenfalls mit einer platinierten Platin-Elektrode. In diesem Fall wird sie bei Standardbedingungen mit Chlorgas umströmt und taucht in eine Lösung, in der die Stoffmengenkonzentration der Chlorid-Ionen $c(Cl^-) = 1\ mol \cdot L^{-1}$ beträgt. Die folgende Abbildung zeigt die Apparatur schematisch:

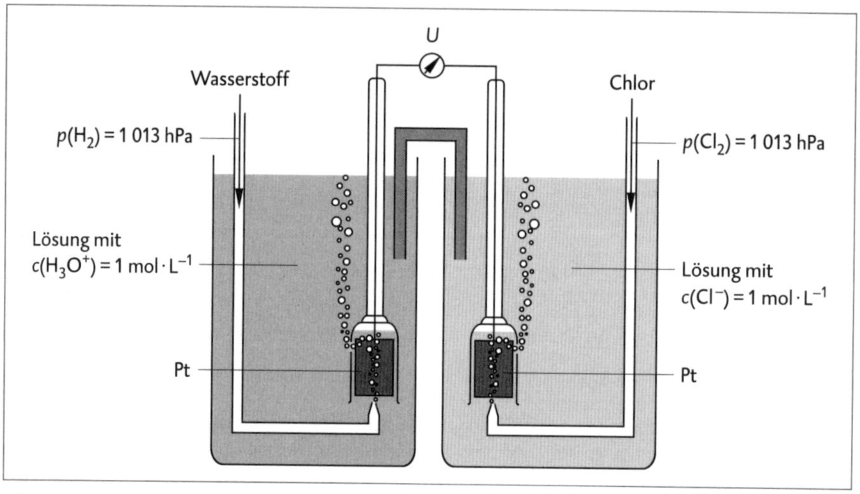

Abb. 29: Versuchsaufbau zur Messung des Elektrodenpotenzials einer Standard-Chlorhalbzelle

Beispiel

Salpetersäure mit der Formel HNO_3 ist eine der wichtigsten anorganischen Säuren. Sie ist nicht nur eine starke Säure, sondern auch ein starkes Oxidationsmittel. Die Tabelle 16 auf S. 171 f. enthält für Salpetersäure folgende Angabe:

$$NO(g) + 2\,H_2O \rightleftharpoons 4\,H^+(aq) + NO_3^-(aq) + 3\,e^- \qquad E^0 = +0{,}96\ Volt$$

Schlagen Sie ein Experiment zur Bestimmung dieses Standard-Potenzials vor.

Lösung:

Auch in diesem Fall wird ein platiniertes Platin-Blech verwendet. Es muss von dem Gas Stickstoffmonooxid umströmt werden und in eine Lösung tauchen, in der die am Gleichgewicht beteiligten Ionen $H^+(aq)$ und $NO_3^-(aq)$ mit den Stoffmengenkonzentrationen $c(H^+) = c(NO_3^-) = 1\ mol \cdot L^{-1}$ enthalten sind.

In der Laborpraxis vermeidet man oft die umständliche Wasserstoff-Elektrode. Dafür gibt es käufliche **Vergleichselektroden**, deren Potenzialdifferenz zur Wasserstoff-Elektrode vom Hersteller angegeben wird. Sie werden einschließlich Ableitungsdraht und Diaphragma geliefert und sind nahezu wartungsfrei.

Die Tabelle der Standard-Elektrodenpotenziale (siehe S. 171 f.) ist eine der wichtigsten Datensammlungen der Chemie. Nicht alle der dort aufgelisteten Werte können allerdings nach der beschriebenen Methode bestimmt werden. Eine Elektrode aus Natrium würde sofort mit Wasser reagieren. Solche Werte lassen sich z. B. aus energetischen Daten berechnen.

2.5 Abhängigkeit der Redoxpotenziale von der Stoffmengenkonzentration

Da sich an Elektrodenoberflächen dynamische Gleichgewichte einstellen, gilt für sie das im Kapitel „Chemische Gleichgewichte" beschriebene Prinzip des kleinsten Zwanges, auch Le-Châtelier-Prinzip genannt. Damit ist die Frage nach der Abhängigkeit der Redoxpotenziale von den Versuchsbedingungen prinzipiell bereits beantwortet.
Man betrachte dazu noch einmal die Kupfer-Halbzelle:

$$Cu(s) \rightleftharpoons Cu^{2+}(aq) + 2\,e^- \qquad E^0 = 0{,}34\ V$$

Sinkt die Stoffmengenkonzentration $c(Cu^{2+})$ unter den für Standardbedingungen festgelegten Wert von $c(Cu^{2+}) = 1\ mol \cdot L^{-1}$, so wird dieses Gleichgewicht nach rechts verschoben. Das begünstigt die Hinreaktion, also die Bildung zusätzlicher Kupfer-Ionen. Das Potenzial der Kupfer-Elektrode wird kleiner als +0,34 V. Umgekehrt steigt das Elektrodenpotenzial bei einer Erhöhung der Stoffmengenkonzentration $c(Cu^{2+})$ der Kupfer-Ionen.

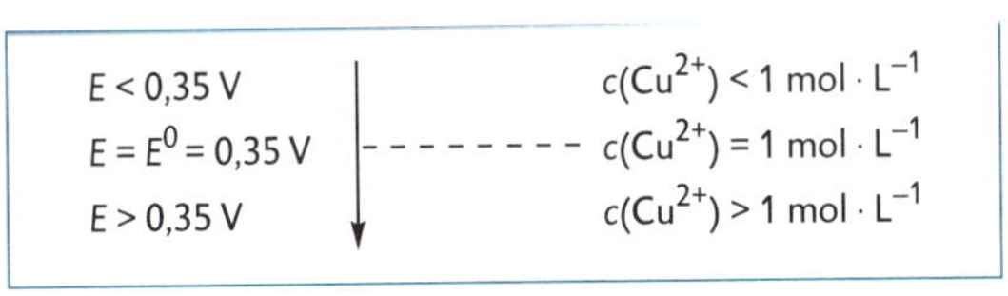

Abb. 30: Elektrodenpotenzial E für das Gleichgewicht $Cu(s) \rightleftharpoons Cu^{2+} + 2\,e^-$

Die Abmessungen der Elektrode haben dagegen keinen Einfluss auf das Potenzial. Eine Vergrößerung oder eine Verkleinerung der Elektrodenoberfläche verändert Hin- und Rückreaktion im gleichen Ausmaß, verschiebt also die Lage des sich dort einstellenden Gleichgewichts nicht.

Beispiele

Auch bei der im letzten Abschnitt beschriebenen Wasserstoff-Elektrode mit dem potenzialbestimmenden Vorgang

$$H_2(g) \rightleftharpoons 2\,H^+(aq) + 2\,e^- \qquad E^0 = 0\ \text{Volt}$$

wird das Potenzial mit sinkender Stoffmengenkonzentration $c(H^+)$, also steigendem pH-Wert, kleiner.[23] Erhöht man die Stoffmengenkonzentration $c(H^+)$, so steigt das Potenzial.

Ein weiteres Beispiel ist das Redoxpotenzial für den Vorgang

$$Fe^{2+}(aq) \rightleftharpoons Fe^{3+}(aq) + e^- \qquad E^0 = +0{,}77\ \text{V}$$

Es lässt sich mithilfe eines Platin-Blechs messen, das in eine Lösung taucht, die die Ionen Fe^{2+} und Fe^{3+} enthält. Als Vergleichselektrode dient die bekannte Wasserstoff-Elektrode. Wie zu erwarten, beeinflussen in diesem Fall die Stoffmengenkonzentrationen beider Ionen, also Fe^{2+} und Fe^{3+}, die Lage des Gleichgewichts. Eine Erhöhung der Stoffmengenkonzentration der Fe(II)-Ionen verstärkt die reduzierende Wirkung, das Potenzial nimmt also ab. Umgekehrt wirkt eine Erhöhung der Stoffmengenkonzentration der Eisen(III)-Ionen.

Quantitativ lassen sich solche Zusammenhänge durch ein einfaches Experiment nachweisen. In der Schule verwendet man dazu ein galvanisches Element, das aus zwei Silber-Elektroden besteht, die in Silbernitrat-Lösungen tauchen (siehe Abb. 31).

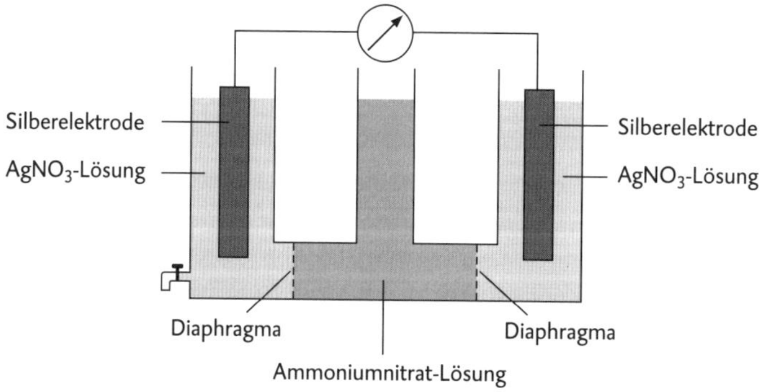

Abb. 31: Experiment zur Messung der Konzentrationsabhängigkeit eines Elektrodenpotenzials

23 In diesem Fall hängt das Elektrodenpotenzial auch vom Druck ab. Der an der Elektrodenoberfläche adsorbierte Wasserstoff wird bei höherem Druck leichter in Lösung gehen. Druckerhöhung bewirkt also eine Verschiebung des Gleichgewichts nach rechts und damit ein kleineres Potenzial.

Die beiden Halbzellen sind in diesem Fall sorgfältig durch zwei Diaphragmen und eine Ammoniumnitrat-Lösung voneinander getrennt. Das verhindert, dass Silber-Ionen von einer Halbzelle in die andere gelangen und dadurch Veränderungen der Stoffmengenkonzentrationen bewirken können. Füllt man jetzt beide Halbzellen mit Silbernitrat-Lösung der Stoffmengenkonzentration $c(Ag^+) = 1\ mol \cdot L^{-1}$, so zeigt das angeschlossene Spannungsmessgerät erwartungsgemäß die Spannung $U = 0$ Volt. Die sich in der linken Halbzelle befindende Silbernitrat-Lösung wird anschließend abgelassen, auf das 10fache Volumen verdünnt und danach wieder eingefüllt.
Die folgende Tabelle zeigt eine im Unterricht aufgenommene Messreihe:

linke Halbzelle $c(Ag^+)$ in $mol \cdot L^{-1}$	rechte Halbzelle $c(Ag^+)$ in $mol \cdot L^{-1}$	gemessene Spannung in Volt
1	1	0
0,1	1	0,06
0,01	1	0,12
0,001	1	0,182

Tab. 11: Ergebnisse einer im Unterricht aufgenommenen Messreihe

Ein galvanisches Element, dessen Spannung nur auf einem Unterschied der Stoffmengenkonzentrationen in den beiden Halbzellen beruht, nennt man **Konzentrationszelle**.

Wie zu erwarten ist, bildet die Halbzelle mit der kleineren Stoffmengenkonzentration der Silber-Ionen den Minuspol.

Die Messwerte verraten zwei sehr wichtige Details:

- Elektrodenpotenziale sind nur schwach konzentrationsabhängig.
- Der Zusammenhang zwischen $c(Ag^+)$ und dem Elektrodenpotenzial der Halbzelle hat die typische Eigenschaft einer logarithmischen Funktion: Ändert man $c(Ag^+)$ um den Faktor 10, ändert sich das Elektrodenpotenzial immer um den gleichen Betrag.

Der mathematische Zusammenhang zwischen Redoxpotenzial und Stoffmengenkonzentration wird als **NERNST'sche Gleichung**[24] bezeichnet. Für die Silber-Halbzelle gilt

$$E = E^0 + 0{,}059\ V \cdot \lg\{c(Ag^+)\}$$

24 Benannt nach Walther NERNST (1864–1941), Professor für physikalische Chemie

Der Faktor 0,059 Volt gilt für die Temperatur $T = 298$ K, die Klammern { } zeigen, dass der „Zehnerlogarithmus" bzw. der dekadische Logarithmus nur vom Zahlenwert der Stoffmengenkonzentration angegeben werden kann.[25]
Die NERNST'sche Gleichung ist eine der wichtigsten mathematischen Beziehungen in der Chemie. Sie kann für jedes beliebige Redox-Gleichgewicht formuliert werden. Für ein sich an einer Elektrode einstellendes Gleichgewicht

$$a\,A \rightleftharpoons b\,B + z\,e^-$$

lautet die NERNST'sche Gleichung:

$$E = E^0 + \frac{0{,}059\,V}{z} \cdot \lg\left\{\frac{c^b(B)}{c^a(A)}\right\} \qquad \text{Bei } T = 298\,K \text{ und } p = 1013\,hPa$$

Dabei ist *z* die Anzahl der ausgetauschten Elektronen laut Reaktionsgleichung. A und B bezeichnen die Formeln der reagierenden Teilchen und a bzw. b die stöchiometrischen Zahlen in der Reaktionsgleichung. Formal gleicht der in Klammern stehende Ausdruck dem Massenwirkungsgesetz für den Elektrodenvorgang.

Beispiel 1 Das Elektrodenpotenzial der Wasserstoff-Elektrode für pH = 7 soll berechnet werden. Die Reaktionsgleichung lautet:

$$H_2(g) \rightleftharpoons 2\,H^+(aq) + 2\,e^-$$

Lösung:

Mit $E^0 = 0$ Volt, $z = 2$ und $c(H^+) = c(H_3O^+) = 10^{-7}$ mol · L^{-1}ergibt sich:

$$E = 0\,V + \frac{0{,}059\,V}{2} \cdot \lg\left\{\frac{(10^{-7})^2}{1}\right\} = -0{,}413\,V \qquad \text{(bei 25 °C und 1013 hPa)}$$

Die Wasserstoff-Elektrode hat bei pH = 7 ein Elektrodenpotenzial von −0,413 V.

Beispiel 2 Für die Reduktion des Oxidationsmittels Wasserstoffperoxid in saurer Lösung wird die folgende Gleichung angegeben:

$$2\,H_2O \rightleftharpoons H_2O_2(aq) + 2\,H^+(aq) + 2\,e^- \qquad E^0 = 1{,}77\,V$$

Berechnen Sie das Redoxpotenzial einer handelsüblichen Wasserstoffperoxid-Lösung mit $c(H_2O_2) = 0{,}88$ mol · L^{-1}, deren pH-Wert 6 beträgt.
(*Hinweis:* In der NERNST'schen Gleichung werden nur die Stoffmengenkonzentrationen der gelösten Teilchen aufgeführt. Die Stoffmengenkonzentration des Lösemittels Wasser ist konstant[26] und wird nicht aufgeführt.)

25 Bei Elektrodengleichgewichten, an denen auch Gase beteiligt sind, muss der Druck zusätzlich 1 013 hPa betragen.
26 Darauf ist schon bei den Säurekonstanten und dem Ionenprodukt des Wassers eingegangen worden.

Lösung:

$$E = 1{,}77\,\text{V} + \frac{0{,}059\,\text{V}}{2} \cdot \lg\left\{\frac{c(H_2O_2) \cdot c^2(H^+)}{1}\right\} = 1{,}77\,\text{V} + \frac{0{,}059\,\text{V}}{2} \cdot \lg\{0{,}88 \cdot (10^{-6})^2\} = 1{,}41\,\text{V}$$

Das Redoxpotenzial dieser Wasserstoffperoxid-Lösung beträgt $E = +1{,}41$ V.

2.6 Anwendungsbeispiele für die Tabelle der Standardpotenziale

Die Tabelle der Standardpotenziale ist eines der wichtigsten Hilfsmittel der Chemie und jeder Abiturprüfung beigelegt. Mit ihrer Hilfe lassen sich

- Aussagen über mögliche Redoxreaktionen machen,
- die Spannungen galvanischer Elemente berechnen und
- bei Elektrolysevorgängen mögliche Elektrodenreaktionen beurteilen (siehe S. 110).

Die Tabellenwerte allein liefern allerdings nur dann präzise Aussagen, wenn Standardbedingungen eingehalten werden. Sind die Stoffmengenkonzentrationen der gelösten Teilchen von 1 mol · L^{-1} verschieden, hilft die besprochene NERNST'sche Gleichung weiter.

Vorhersage möglicher Redoxreaktionen

In der Tabelle der Standard-Elektrodenpotenziale sind die reagierenden Teilchen nach der Stärke ihrer reduzierenden bzw. oxidierenden Wirkung geordnet. Ein niedriges Standardpotenzial bedeutet, dass das Reduktionsmittel leicht Elektronen abgibt und das dazu gehörende Oxidationsmittel nur geringe Tendenz zur Elektronenaufnahme besitzt.

eispiel

Aluminium ist ein starkes Reduktionsmittel. Aluminium-Atome geben daher leicht Elektronen ab, die dabei entstehenden Aluminium-Ionen nehmen dementsprechend nur schwer Elektronen auf:

$$Al(s) \rightleftharpoons Al^{3+}(aq) + 3\,e^- \qquad E^0 = -1{,}67\,\text{V}$$

Das Element Brom ist ein starkes Oxidationsmittel. Brom-Moleküle nehmen also leicht Elektronen auf, Bromid-Ionen geben nur schwer Elektronen ab:

$$2\,Br^-(aq) \rightleftharpoons Br_2(l) + 2\,e^- \qquad E^0 = +1{,}06\,\text{V}$$

Daher wird eine Redoxreaktion ablaufen, wenn Aluminium und Brom zusammengegeben werden. Das Experiment ist aus der Schule bekannt: Bringt man ein Stück Aluminiumdraht in ein 2 cm hoch mit Brom gefülltes Reagenzglas, so verbrennt es unter Funkensprühen nach der folgenden Reaktionsgleichung, wobei Aluminiumbromid entsteht:

$$2\,Al(s) + 3\,Br_2(l) \longrightarrow 2\,AlBr_3(s)$$

Das Experiment zeigt auch, dass die eigentlich nur für wässrige Lösungen geltenden Tabellen der Standardpotenziale Voraussagen über Reaktionen möglich machen, die nicht in wässriger Lösung ablaufen.
Für Vorhersagen über mögliche Redoxreaktionen reicht es also aus, die Stellung der Reaktionspartner in der Tabelle der Standardpotenziale ausfindig zu machen. Alle Aufgaben dieser Art lassen sich nach dem gleichen Schema lösen. Enthält die Tabelle z. B. 40 Standardpotenziale und die dazugehörigen Gleichgewichte, so ergeben sich rechnerisch $40 \cdot 39 = 1\,560$ Kombinationsmöglichkeiten.

Beispiel

Ein in der Praxis sehr wichtiges Beispiel ist das Verhalten von Metallen gegenüber einer Lösung, die Eisen(III)-Ionen enthält:

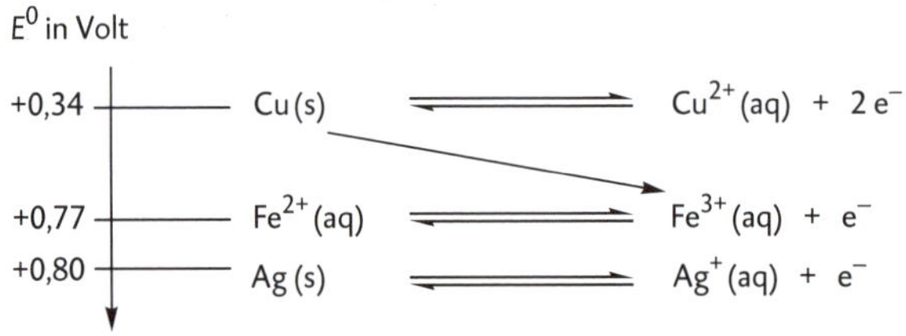

Aus der Stellung in der Tabelle der Standardpotenziale ergibt sich, dass Kupfer-Atome leichter Elektronen abgeben als Eisen(II)-Ionen. Daher wird ein Elektronenübergang von Kupfer-Atomen auf Eisen(III)-Ionen erfolgen. Die Reaktionsgleichung kann aus den in der Tabelle aufgeführten Teilgleichungen „abgeschrieben" werden. Sie lautet:

$$Cu(s) + 2\,Fe^{3+}(aq) \longrightarrow Cu^{2+}(aq) + 2\,Fe^{2+}(aq)$$

Der Vorgang hat in der Praxis wichtige Konsequenzen: Wasserleitungsrohre aus Kupfer können durch Eisen(III)-Verbindungen im Leitungswasser schwere **Korrosionsschäden** erleiden (siehe S. 133).

Silber-Atome geben viel schwerer Elektronen ab als Kupfer-Atome und sogar schwerer als Eisen(II)-Ionen. Silber reagiert daher nicht mit Eisen(III)-Ionen. Eisen(II)-Ionen könnten aber Silber-Ionen zu elementarem Silber reduzieren.

$$Ag(s) + Fe^{3+}(aq) \not\longrightarrow Ag^{+}(aq) + Fe^{2+}(aq) \quad \text{läuft nicht ab}$$

$$Fe^{2+}(aq) + Ag^{+}(aq) \longrightarrow Ag(s) + Fe^{3+}(aq) \quad \text{läuft ab}$$

Reaktionen von Metallen mit Säuren und Wasser

Zu den bekanntesten und wichtigsten Reaktionen zählen die der Metalle mit Säuren. Da Oxonium-Ionen Oxidationsmittel sind, können sie mit Metallen unter Wasserstoffentwicklung reagieren. Welche Metalle dafür infrage kommen, ergibt sich aus der Tabelle der Standardpotenziale. Allgemein gilt:

> **Metalle** mit einem Standardpotenzial von $E^0 < 0$ **V** reagieren in saurer Lösung mit Oxonium-Ionen unter Wasserstoffentwicklung und Bildung entsprechender Metall-Ionen.

Beispiel

Magnesium reagiert mit Oxonium-Ionen unter Bildung von Wasserstoff.

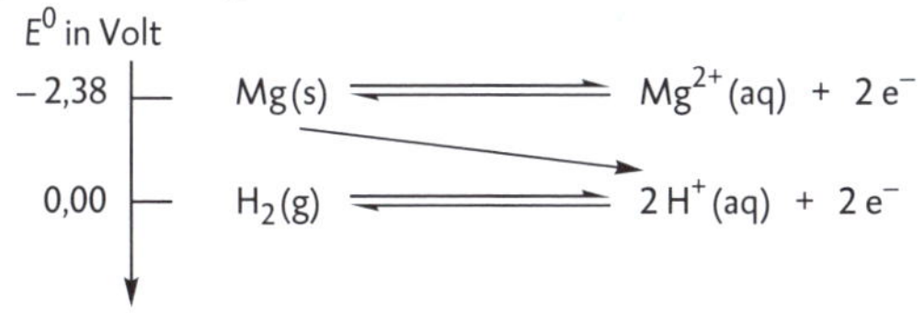

Die Reaktionsgleichung lautet vereinfacht:

$$Mg(s) + 2\,H^+(aq) \longrightarrow Mg^{2+}(aq) + H_2(g)$$

Oder ausführlicher und für den Fall, dass Salzsäure verwendet wurde:

$$\underbrace{Mg(s) + 2\,H_3O^+ + 2\,Cl^-(aq)}_{\text{Salzsäure}} \longrightarrow \underbrace{Mg^{2+}(aq) + 2\,Cl^-(aq)}_{\text{Magnesiumchlorid-Lösung}} + H_2(g) + 2\,H_2O$$

Um festzustellen, welche Metalle mit Wasser unter Wasserstoffentwicklung reagieren, benötigt man das Redoxpotenzial für

$$H_2 \rightleftharpoons 2\,H^+(aq) + 2\,e^-$$

bei pH = 7. Auf S. 104 wurde gezeigt, wie man dieses mithilfe der NERNST'schen Gleichung berechnen kann. Das Ergebnis lautete:

$$E(H_2/H^+) = 0{,}0\,V - 0{,}413\,V$$

Alle Metalle mit Standardpotenzialen von $E^0 < -0{,}413$ **V** reagieren demnach auch mit Wasser unter Wasserstoffentwicklung.

Bei der Aufstellung der Reaktionsgleichung ist zusätzlich zu bedenken, dass Wasser nur sehr wenige Oxonium-Ionen enthält. Diese werden jedoch durch eine Verschiebung des Säure-Base-Gleichgewichts aus Wasser-Molekülen wieder nachgebildet, sodass insgesamt der folgende Vorgang abläuft:

$$2\,H^+(aq) + 2\,e^- \longrightarrow H_2(g)$$
$$2\,H_2O \longrightarrow 2\,H^+(aq) + 2\,OH^-(aq)$$

$$2\,H_2O + 2\,e^- \longrightarrow H_2(g) + 2\,OH^-(aq)$$

Beispiel

Für die Reaktion von Lithium mit Wasser ergibt sich demnach die Reaktionsgleichung:

$$2\,Li(s) + 2\,H_2O \longrightarrow \underset{\text{Lithiumhydroxid-Lösung}}{2\,Li^+(aq) + 2\,OH^-(aq)} + H_2(g)$$

Vor einem allzu unbekümmerten Umgang mit dieser sehr leistungsfähigen Methode zur Voraussage und Begründung von Redoxreaktionen muss aus zwei Gründen gewarnt werden:

- Es können zusätzliche Effekte auftreten, die den Reaktionsablauf behindern. So sind einige unedle Metalle, wie z. B. Aluminium, von einer unsichtbaren, aber sehr zähen **Oxidschicht** überzogen. Diese verhindert dann eine Reaktion. Technisch nützt man das aus: Durch eine elektrochemisch erzeugte, besonders dicke und mit speziellen Farbstoffen färbbare Oxidschicht können mit Aluminium verkleidete Fassaden dem Angriff oxidierend wirkender Bestandteile der Atmosphäre widerstehen (**eloxiertes Aluminium**). Auch Zink und Chrom verhalten sich durch die Bildung von Schutzschichten anders als aufgrund ihrer Stellung in der Tabelle der Standardpotenziale erwartet. Das macht sie zu begehrten Werkstoffen.
- Bei allen Reaktionen dieser Art darf nicht vergessen werden, dass es sich um Gleichgewichte handelt. Obwohl das Metall Nickel mit $E^0 = -0{,}23$ V ein relativ hohes Standardpotenzial besitzt, können auch unter „sanften" Bedingungen, also z. B. bei pH-Werten um 7, so viele Nickel-Ionen in Lösung gehen, dass dies toxikologisch bedenklich ist.

Berechnung der Spannung beliebiger galvanischer Zellen

Aus den Standardpotenzialen lassen sich die Spannungen beliebiger galvanischer Elemente durch eine einfache Differenzbildung berechnen. Bezeichnet man die Halbzelle, die den Minuspol bildet, als **Donatorhalbzelle**[27] und die Halbzelle, die den Pluspol bildet, als **Akzeptorhalbzelle**[28], so gilt für Standardbedingungen:

$$U = E^0(\text{Akzeptorhalbzelle}) - E^0(\text{Donatorhalbzelle})$$

Beispiel

Für die im Schulunterricht häufig vorkommende Kupfer-Zink-Zelle (DANIELL-Element) ergibt sich:

$$U = 0{,}34\text{ V} - (-0{,}76\text{ V}) = 1{,}10\text{ V}$$

27 *donare* (lat.): schenken
28 *accipere* (lat.): annehmen

Die Verdünnung der Lösung in den beiden Halbzellen hat unterschiedliche Folgen:

- Beim Verdünnen der Kupfersalz-Lösung wird das Elektrodenpotenzial kleiner. Es gilt $E(Cu/Cu^{2+}) < 0{,}34$ V. Damit verringert sich auch die Spannung des galvanischen Elements.
- Auch beim Verdünnen der Zinksalz-Lösung wird das Elektrodenpotenzial kleiner. Es gilt $E(Zn/Zn^{2+}) < -0{,}76$ V. Wie man der zuvor angegebenen Gleichung entnehmen kann, steigt dadurch die Spannung des DANIELL-Elements.

Wie bei der Behandlung des DANIELL-Elements ausführlich erläutert worden ist (siehe S. 95 f.), steigt bei der Stromentnahme die Stoffmengenkonzentration der Zink-Ionen, die Stoffmengenkonzentration der Kupfer-Ionen sinkt. Daher nimmt die Spannung ab und erreicht schließlich 0 Volt. Das Element ist damit entladen.

Beispiel

Für wissenschaftliche Messungen sind Vergleichselektroden mit konstantem Elektrodenpotenzial erforderlich. Bekannt ist z. B. die **Silber-Silberchlorid-Elektrode**. Sie besteht aus einem Silberblech, das in eine Kaliumchlorid-Lösung taucht, in der sich festes, schwerlösliches Silberchlorid befindet.
Die Stoffmengenkonzentration dieser Lösung beträgt $c(Ag^+) = 6 \cdot 10^{-11}\ \text{mol} \cdot \text{L}^{-1}$ und wird durch das als Bodensatz vorhandene überschüssige Silberchlorid konstant gehalten.
Welche Spannung besitzt eine galvanische Zelle, in der die Zink-Elektrode eines DANIELL-Elements mit einer Silber-Silberchlorid-Elektrode kombiniert wird?

Lösung:
Am Silberblech stellt sich das folgende Gleichgewicht ein:

$$Ag(s) \rightleftharpoons Ag^+(aq) + e^- \qquad E^0 = +0{,}80\ \text{V}$$

Aus der NERNST'schen Gleichung ergibt sich:

$$E = E^0 + \frac{0{,}059\ \text{V}}{1} \cdot \lg\{c(Ag^+)\} = 0{,}80\ \text{V} + 0{,}059\ \text{V} \cdot \lg\{6 \cdot 10^{-11}\} = 0{,}197\ \text{V}$$

Das Elektrodenpotenzial dieser Elektrode beträgt

$$E = +0{,}197\ \text{V}$$

Da die Zink-Elektrode das Elektrodenpotenzial $-0{,}76$ V besitzt, beträgt die gemessene Spannung

$$U = 0{,}197\ \text{V} - (-0{,}76\ \text{V}) = 0{,}96\ \text{V}$$

3 Elektrolyse

3.1 Grundlagen und einfache Beispiele

Die Grundlagen der Elektrolyse erläutert man am besten anhand eines bekannten Beispiels.

Beispiel

Im Mittelstufenunterricht wird oft die Elektrolyse einer wässrigen Lösung des Salzes Zinkiodid durchgeführt.

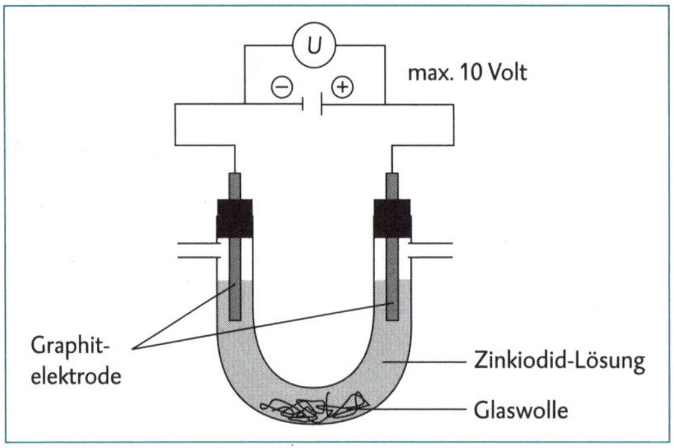

Abb. 32: Elektrolyse einer Zinkiodid-Lösung

Dabei beobachtet man Folgendes: Am Minuspol scheidet sich das Metall Zink ab, das schöne Kristalle bildet. Am Pluspol verfärbt sich die Lösung zunächst gelb, dann entstehen größere Mengen Iod. Schaltet man die Spannungsquelle nach einiger Zeit ab, so geht der Zeiger des Spannungsmessgeräts nicht auf den Wert Null zurück, sondern zeigt einen Wert von etwas über 1 Volt an.

Die Erklärung ist einfach: Am Minuspol dieser Elektrolysequelle werden Zink-Ionen durch Aufnahme von je zwei Elektronen entladen, also reduziert. Es entsteht das Metall Zink:

Minuspol: $Zn^{2+}(aq) + 2\,e^- \longrightarrow Zn(s)$ (Reduktion)

Am Pluspol geben Iodid-Ionen Elektronen ab, sie werden also oxidiert. Aus jeweils zwei Iodid-Ionen entsteht unter Aufnahme von zwei Elektronen ein Iod-Molekül. Es bildet sich elementares Iod:

Pluspol: $2\,I^-(aq) \longrightarrow I_2(s) + 2\,e^-$ (Oxidation)

Grundsätzlich gilt für jede Elektrolysezelle:

> Am **Minuspol** einer Elektrolysezelle läuft eine **Reduktion** ab. Der Minuspol ist hier also die **Kathode**. Der **Pluspol** der Elektrolysezelle ist die **Anode**, weil dort eine **Oxidation** stattfindet.

Achten Sie darauf, diese Begriffe nicht zu verwechseln. Dabei kann Ihnen die folgende Tabelle helfen:

	Minuspol	Pluspol
Elektrolysezelle	hier läuft eine Reduktion ab: Kathode	hier läuft eine Oxidation ab: Anode
galvanische Zelle	hier läuft eine Oxidation ab: Anode	hier läuft eine Reduktion ab: Kathode

Tab. 12: Benennung der Elektroden einer Elektrolysezelle und einer galvanischen Zelle

Die nach dem Abschalten der Stromquelle beobachtete Spannung zwischen den beiden Elektroden wird dadurch verursacht, dass jetzt eine galvanische Zelle entstanden ist. Die mit Zink überzogene Graphit-Elektrode bildet den Minuspol, die mit Iod überzogene Graphit-Elektrode den Pluspol.

Beispiel 1 Am Beispiel der Elektrolyse einer **Kupfer(II)-chlorid-Lösung** sollen die ablaufenden Vorgänge genauer untersucht werden.

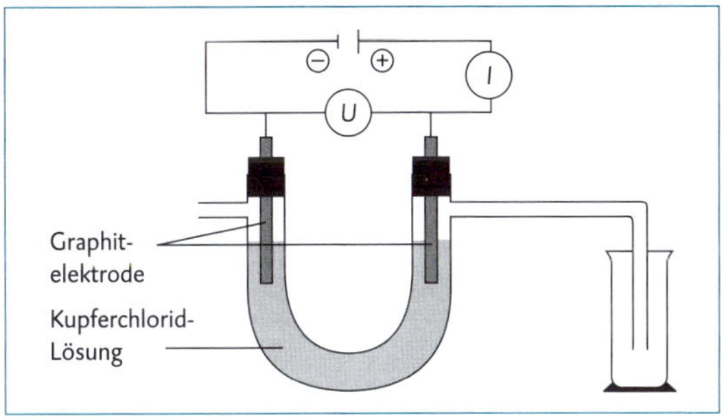

Abb. 33: Elektrolyse mit Messung von Stromstärke *I* und Spannung *U*

Abbildung 34 zeigt das Foto einer solchen Apparatur, statt eines U-Rohres wurde hier ein Becherglas benutzt. Das große Messgerät dient zur Messung der Stromstärke, das kleine zur Messung der an den Elektroden anliegenden Spannung.

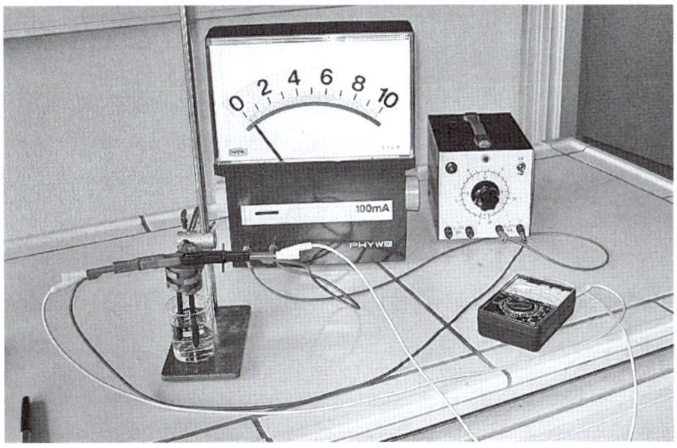

Abb. 34: Apparatur zur Elektrolyse einer $CuCl_2$-Lösung

Folgende Messreihe wurde aufgenommen:

Spannung U in Volt	0	0,3	0,7	1,0	1,2	1,6	2,2	2,7
Stromstärke I in Milliampere	0	0,5	1,5	6	14	35	58	87

Obwohl Salzlösungen an sich elektrisch leitend sind, beobachtet man beim Anlegen einer Gleichspannung von weniger als 1 Volt so gut wie keinen Stromfluss. Erst oberhalb von etwa 1,2 Volt steigt die Stromstärke mit zunehmender Spannung stark und annähernd linear an. Gleichzeitig beobachtet man oberhalb dieser Spannung Veränderungen an den Elektroden. Die mit dem Minuspol verbundene Elektrode bekommt einen Überzug aus dem Metall Kupfer, am Pluspol entsteht ein Gas, das feuchtes Indikatorpapier bleicht und erstickend riecht. Es ist Chlorgas.
Aus den Beobachtungen ergeben sich die Elektrodenreaktionen:

Minuspol (Kathode): $Cu^{2+}(aq) + 2\,e^- \longrightarrow Cu(s)$

Pluspol (Anode): $2\,Cl^-(aq) \longrightarrow Cl_2(g) + 2\,e^-$

Trägt man die gemessene Stromstärke gegen die bei der Elektrolyse angelegte Spannung auf, so ergibt sich folgende Grafik:

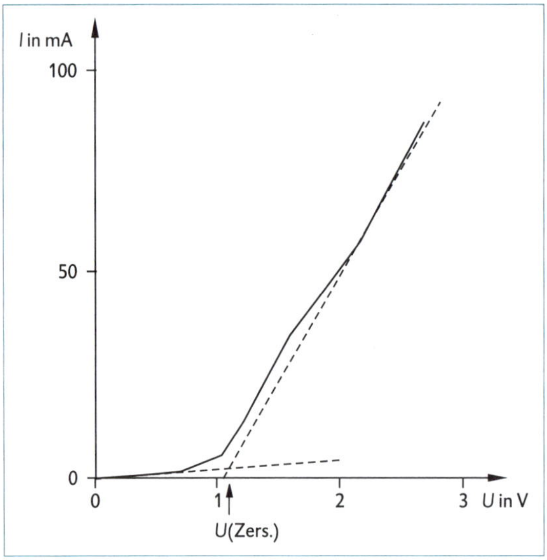

Abb. 35: Auftragung der gemessenen Stromstärke gegen die angelegte Spannung

Die Spannung, bei der die fortlaufende Abscheidung von Stoffen an den Elektroden beginnt, wird als **Zersetzungsspannung** bezeichnet. Sie beträgt in diesem Fall U(Zersetzung) ≈ 1,1 Volt.

Zersetzungsspannungen lassen sich auch aus der Tabelle der Standardpotenziale abschätzen. Bei der zuvor besprochenen Elektrolyse ist eine galvanische Zelle mit Kupfer als Minuspol und Chlor als Pluspol entstanden. Die sich an den Elektroden einstellenden Gleichgewichte lauten:

E^0

$$0{,}34\ \text{V} \quad Cu(s) \rightleftharpoons Cu^{2+}(aq) + 2\,e^-$$

$$1{,}36\ \text{V} \quad 2\,Cl^-(aq) \rightleftharpoons Cl_2(g) + 2\,e^-$$

Aus der Differenz der Elektrodenpotenziale ergibt sich die Spannung des bei der Elektrolyse entstehenden galvanischen Elements:

$$U = U(\text{Zers.}) \approx 1{,}36\ \text{V} - 0{,}34\ \text{V} = 1{,}02\ \text{V}$$

Die Zersetzungsspannung ist also nichts anderes als die Spannung des entstandenen galvanischen Elements. Man spricht bei der Elektrolyse auch von **Abscheidungspotenzialen**. Abscheidungspotenziale sind genauso groß wie die Elektrodenpotenziale[29] der entstehenden galvanischen Zelle.
U(Zers.) kann in diesem Fall nur näherungsweise berechnet werden, da in einer Kupferchlorid-Lösung auf ein Kupfer-Ion zwei Chlorid-Ionen kommen, die Tabellenwerte aber für Stoffmengenkonzentrationen von 1 mol · L^{-1} gelten.

Beispiel 2 Etwas komplizierter sind die Verhältnisse bei der Elektrolyse einer **Natriumhydroxid-Lösung**. In diesem Fall kommt es an der Kathode nicht etwa zur Bildung des Metalls Natrium, das bekanntlich sofort mit dem Lösemittel Wasser reagieren würde. Stattdessen entsteht an der Kathode ein farbloses, brennbares Gas. Die Knallgasprobe zeigt, dass es sich um Wasserstoff handelt. Auch an der Anode bildet sich ein Gas. Es bringt einen glimmenden Holzspan zum Aufflammen. Dieses Gas ist Sauerstoff. Die gemessene Zersetzungsspannung liegt bei dieser Elektrolyse etwas über 1,3 Volt.

Zur Erklärung wirft man einen Blick in die Tabelle der Standardpotenziale. Dort findet man auch die Reaktionsgleichung für die möglichen Elektrolysevorgänge. In einer Natriumhydroxid-Lösung sind neben den Molekülen des Lösemittels Wasser noch folgende Teilchen vorhanden:

- $Na^+(aq)$
- $OH^-(aq)$
- $H^+(aq)$ bzw. H_3O^+-Ionen (Oxonium-Ionen) mit sehr kleiner Stoffmengenkonzentration

29 Tatsächlich sind die gemessenen Zersetzungsspannungen stets etwas größer. Dieser Effekt wird als „Überspannung" bezeichnet und beruht auf einer Hemmung der an den Elektroden ablaufenden Vorgänge.

Beträgt die Stoffmengenkonzentration der NaOH-Lösung 1 mol · L^{-1}, so gilt:

$$c(Na^+) = c(OH^-) = 1\ mol \cdot L^{-1}$$

Da an der Kathode nur eine Reduktion und an der Anode nur eine Oxidation stattfinden kann, ergeben sich die folgenden möglichen Elektrodenreaktionen:
An der Kathode konkurrieren die Reduktion der Natrium-Ionen gemäß

$$Na^+(aq) + e^- \longrightarrow Na(s)$$

und die Reduktion von Wasser-Molekülen nach der Gleichung

$$2\,H_2O + 2\,e^- \longrightarrow H_2(g) + 2\,OH^-(aq)$$

miteinander.
An der Anode ist die Oxidation von Hydroxid-Ionen unter Bildung von Sauerstoff und Wasser möglich:

$$4\,OH^-(aq) \longrightarrow O_2(g) + 2\,H_2O + 4\,e^-$$

Folgende Abscheidungspotenziale ergeben sich:

E^0 in Volt

E^0	Reaktion
−2,71 V	$Na \rightleftharpoons Na^+(aq) + e^-$
−0,83 V	$H_2(g) + 2\,OH^-(aq) \rightleftharpoons 2\,H_2O + 2\,e^-$
	$U = U(Zers.) = 1{,}23\ V$
+0,40	$4\,OH^-(aq) \rightleftharpoons O_2(g) + 2\,H_2O + 4\,e^-$

Daraus ist der Grund für die Entstehung der beiden Gase Wasserstoff und Sauerstoff bei dieser Elektrolyse ersichtlich: Die entstehende galvanische Zelle besitzt eine kleinere Spannung als eine Zelle mit den Elektroden Natrium und Sauerstoff. Es ist also nicht so, dass zuerst Natrium entsteht und dieses dann mit Wasser reagiert. Wassermoleküle werden unter den gegebenen Bedingungen leichter reduziert als Natrium-Ionen.
Insgesamt läuft bei dieser Elektrolyse Folgendes ab:

An der Kathode: $4\,H_2O + 4\,e^- \longrightarrow 2\,H_2(g) + 4\,OH^-(aq)$

An der Anode: $4\,OH^-(aq) \longrightarrow O_2(g) + 2\,H_2O + 4\,e^-$

$$2\,H_2O \longrightarrow 2\,H_2(g) + O_2(g)$$

Wasser wird also unter Bildung von Wasserstoff und Sauerstoff zersetzt.

Es ist schon überlegt worden, ob sich solche Reaktionen zur Gewinnung von Wasserstoff aus Wasser einsetzen lassen. Falls billige und umweltfreundliche elektrische Energie zur Verfügung steht, z. B. aus stark verbesserten Solarzellen, könnte damit dieser begehrteste und umweltfreundlichste aller Brennstoffe gewonnen werden. Das scheitert zur Zeit (noch) an den Kosten.

eispiel 3 Zuletzt soll die so genannte „**Chloralkalielektrolyse**“ besprochen werden. Bei diesem in der Technik außerordentlich wichtigen Verfahren werden insbesondere Natriumchlorid (Kochsalz), aber auch Kaliumchlorid eingesetzt.

Gegenüber der besprochenen Elektrolyse von Natriumhydroxid-Lösung ergeben sich einige Besonderheiten: Einerseits liegen die pH-Werte nicht so, dass man die in der Tabelle der Standardpotenziale gegebenen Werte übernehmen könnte, andererseits werden in der Industrie gewisse Anforderungen bezüglich der Reinheit der Produkte gestellt.

pH-abhängig sind die Abscheidungspotenziale für die Gase Wasserstoff und Sauerstoff, deren gleichzeitige Bildung bei jeder Elektrolyse einer wässrigen Lösung zu beachten ist. Die entsprechenden Elektrodengleichgewichte sind:

$$\text{I} \quad 2\,OH^-(aq) + H_2 \rightleftharpoons 2\,H_2O + 2\,e^- \qquad E^0 = -0{,}83\ \text{V}$$

$$\text{II} \quad 4\,OH^-(aq) \rightleftharpoons 2\,H_2O + O_2(g) + 4\,e^- \qquad E^0 = +0{,}40\ \text{V}$$

Beide Werte gelten für $c(OH^-) = 1\ \text{mol} \cdot L^{-1}$, also pH = 14. Die Umrechnung auf andere pH-Werte könnte mithilfe der NERNST'schen Gleichung erfolgen. Falls diese Gleichung im Unterricht nicht behandelt wurde, hilft folgende Grafik:

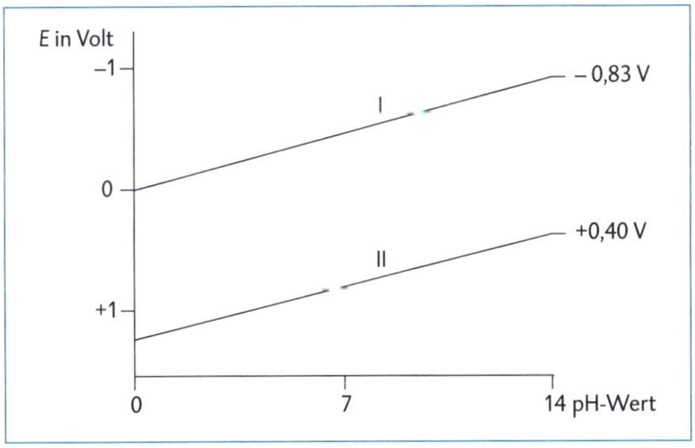

Abb. 36: pH-Abhängigkeit der Elektroden- bzw. Abscheidungspotenziale für die im Text genannten Gleichgewichte I und II.

Aus Abbildung 36 folgt, dass an der **Kathode** kein Natrium abgeschieden werden kann. Sein Abscheidungspotenzial beträgt $E^0 = -2{,}71$ Volt. Bei allen pH-Werten hat Wasserstoff (Gleichgewicht I) ein viel kleineres Abscheidungspotenzial und wird leichter gebildet.

An der **Anode** beträgt das Abscheidungspotenzial für die Bildung von Chlor

$$2\,Cl^-(aq) \longrightarrow Cl_2(g) + 2\,e^- \qquad E^0 = 1{,}36\ \text{Volt}$$

Es liegt höher als das Abscheidungspotenzial von Sauerstoff, das maximal +1,23 Volt erreicht. An der Anode müsste demnach eigentlich Sauerstoff und nicht Chlor entstehen.

In der Praxis erreicht man die gewünschte Abscheidung von Chlor dadurch, dass man ein Elektrodenmaterial wählt, an dem die Überspannung für die Abscheidung von Sauerstoff groß genug ist. Geeignet dafür ist Graphit. Unter dieser Voraussetzung bildet sich tatsächlich Chlor, das höchstens durch geringe Mengen Sauerstoff verunreinigt ist, was bei manchen Verwendungszwecken berücksichtigt werden muss. Grafisch dargestellt ergibt sich folgende Situation:[30]

E in Volt

−2,71 V	$Na \rightleftharpoons Na^+(aq) + e^-$		
−0,41 V	$H_2(g) + 2\,OH^-(aq) \rightleftharpoons 2\,H_2O + 2\,e^-$		(für pH = 7)
		U(Zers.) = 1,77 V	
+0,81 V	$4\,OH^-(aq) \rightleftharpoons O_2(g) + 2\,H_2O + 4\,e^-$		(für pH = 7; durch Überspannungen zu höheren Werten verschoben)
+1,36 V	$2\,Cl^-(aq) \rightleftharpoons Cl_2 + 2\,e^-$		

Insgesamt läuft bei der Elektrolyse von NaCl-Lösung folgende Reaktion ab:

$$2\,Na^+(aq) + 2\,Cl^-(aq) + 2\,H_2O \longrightarrow \underbrace{2\,Na^+(aq) + 2\,OH^-(aq)}_{\text{Natronlauge}} + Cl_2(g) + H_2(g)$$

Aus einer Natriumchlorid-Lösung entstehen Natronlauge und die Gase Wasserstoff und Chlor. Um eine Vermischung dieser beiden Gase zu verhindern, werden Kathoden- und Anodenraum heutzutage durch ein Diaphragma getrennt (**Diaphragmaverfahren**). Dabei können sogar Membranen verwendet werden, die nur für Natrium-Ionen durchlässig sind. Auf diese Weise entstehen im Kathodenraum nur Wasserstoff und eine sehr reine, vor allem nicht durch Kochsalz verunreinigte Natronlauge (**Membranverfahren**).

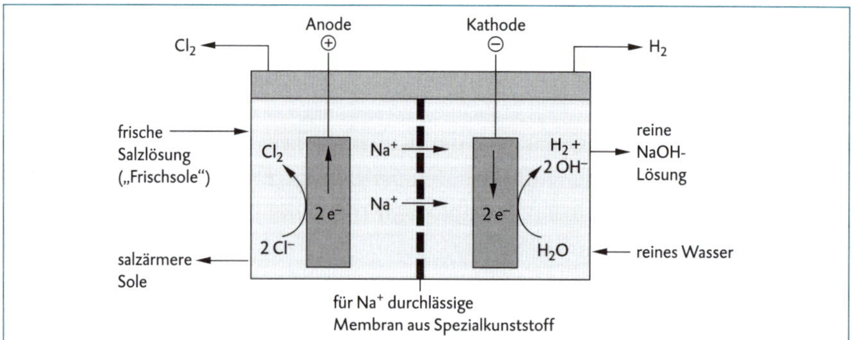

Abb. 37: Anlage zur Chloralkalielektrolyse nach dem Membranverfahren

30 Die Zahlenwerte der für pH = 7 geltenden Potenziale wurden mithilfe der NERNST'schen Gleichung berechnet. Um Rundungsfehler zu vermeiden, wurden sie jeweils auf zwei Dezimalstellen angegeben.

3.2 Technisch wichtige Elektrolyseverfahren

Wichtige Elektrolyseverfahren in der Technik sind
- die Kupferraffination,
- die Schmelzflusselektrolyse zur Herstellung von Aluminium und
- die Schmelzflusselektrolyse von Alkalichloriden.

Die theoretischen Grundlagen der Chloralkalielektrolyse in wässrigen Lösungen sind im vorhergehenden Abschnitt bereits besprochen worden. Sondereffekte, wie das Auftreten von Überspannungen, spielen bei Vorgängen in der Technik oft eine entscheidende Rolle. Von der Theorie her kann man solche Effekte im Schulunterricht nicht in den Griff bekommen. Sie wirken sich nicht nur auf mögliche Nebenreaktionen aus, sondern haben auch finanzielle Folgen.

Die elektrolytische Kupferraffination

Kupfer zählt zu den wichtigsten Gebrauchsmetallen. Mit einem Standardpotenzial von $E^0 = +0{,}34$ V ist es relativ edel, also korrosionsbeständig, dazu ziemlich weich, daher gut zu bearbeiten und dabei trotzdem von ausreichender Festigkeit. Außerdem zählt das Metall zu den besten elektrischen Leitern. Die elektrische Leitfähigkeit hängt stark von Verunreinigungen durch andere Metalle ab. Aus diesem Grund ist es erforderlich, Kupfer mit großer Reinheit auf den Markt zu bringen. „**Elektrolytkupfer**“ wird aus dem von der Kupferhütte produzierten Rohkupfer oder aus Recycling-Kupfer durch ein Elektrolyseverfahren gewonnen.

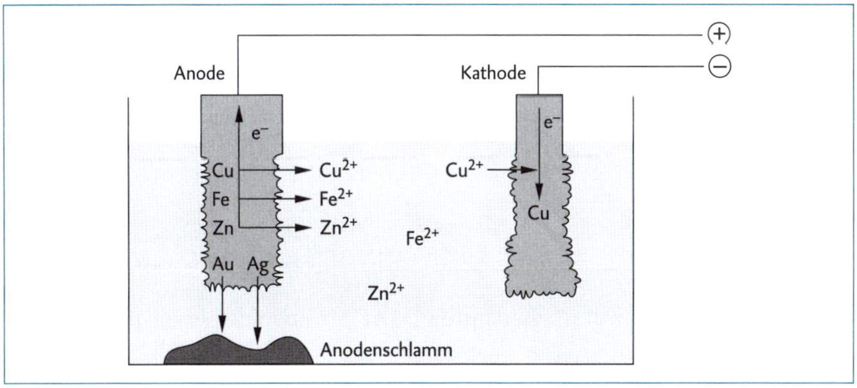

Abb. 38: Kupferraffination (schematisch)

Als Anoden geschaltete Platten aus Rohkupfer tauchen dabei in eine stark sauer reagierende, Kupfer(II)-sulfat enthaltende Lösung. Beim Anlegen einer möglichst niedrigen Gleichspannung von 0,25 bis 0,3 Volt geht das Rohkupfer an der Anode in Lösung. Als Kathoden dienen ganz dünne Bleche aus reinstem Kupfer. An ihnen scheidet sich nach und nach immer mehr Kupfer mit einem Reinheitsgrad von 99,9 % ab, das als Elektrolytkupfer bezeichnet wird.

Anodenvorgang	Cu (s)	⟶	Cu^{2+} (aq) + 2 e^-
Kathodenvorgang	Cu^{2+} (aq) + 2 e^-	⟶	Cu (s)

Was aber geschieht mit den im Rohkupfer enthaltenen Verunreinigungen? Die häufigsten sind die Metalle Zink und Eisen, aber auch Blei, Silber, ja sogar Gold und Platin kommen vor.
Zink, Eisen und Blei sind unedler als Kupfer. Sie werden leichter oxidiert und gehen in Lösung. Die Lösung enthält demnach neben Kupfer- auch Zink- und Eisen-Ionen. Da die Ionen der in Lösung gegangenen, unedleren Metalle schwerer reduzierbar sind als Kupfer-Ionen, werden sie an der Kathode nicht reduziert. Sie reichern sich nach und nach im Elektrolyten an, der deswegen hin und wieder ausgetauscht werden muss. Blei-Ionen bilden mit Sulfat-Ionen Bleisulfat. Es ist schwerlöslich und fällt als Niederschlag aus. Edlere Metalle als Kupfer, hier Silber, Gold und Platin, lassen sich nicht so leicht oxidieren. Sie fallen als „Anodenschlamm", einem äußerst wertvollen Produkt, unter der Rohkupferplatte aus. In elektronischen Geräten werden bekanntlich auch Drähte und Steckverbindungen aus Gold verwendet.

Lässt man das entsprechende Experiment im Schülerpraktikum durchführen, so erhält man eine überraschend einfache Strom-Spannungs-Kurve:

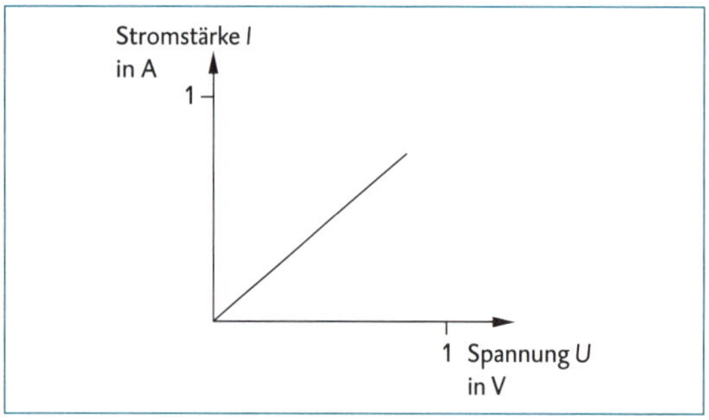

Abb. 39: Strom-Spannungs-Kurve für die Kupferraffination

Es gibt hier keine Zersetzungsspannung. Die Stromstärke steigt proportional zur angelegten Spannung. Das liegt daran, dass während der Elektrolyse kein galvanisches Element mit zwei verschiedenen Elektroden entsteht, dessen Spannung überwunden werden muss.[31]

31 Das stimmt jedoch nicht ganz. Die Anode besteht aus Rohkupfer, also einer Legierung. Legierungen haben aber nur in Sonderfällen das gleiche Elektrodenpotenzial wie reine Metalle. Im Fall des Kupfers sind die Unterschiede aber minimal und es gilt $U(\text{Zers.}) \approx 0$.

Aluminiumherstellung

Am 22. 10. 1827 verschloss Friedrich WÖHLER sein Labor von innen und reduzierte Aluminiumchlorid in einer gewaltigen Reaktion, die ihm schwere Verbrennungen einbrachte, mit elementarem Kalium zu Aluminium. Das neue Metall war erstaunlich leicht und silberglänzend, bekam aber keinen hässlichen braunen Belag wie Silbergegenstände in Räumen, in denen sich Menschen aufhalten. Gegenstände aus Aluminium waren allerdings sehr teuer. Bei seiner Gewinnung gab es einige Probleme:

- Wegen des unedlen Charakters kommt Aluminium nirgends als Metall vor.
- Sein Standardpotenzial von $E^0 = -1{,}67\,V$ bewirkt, dass es nicht durch Elektrolyse wässriger Lösungen abgeschieden werden kann.
- Die Elektrolyse von geschmolzenen Aluminiumverbindungen ist problematisch, weil die einzige dafür geeignete Verbindung Aluminiumoxid (Al_2O_3) ist, das wegen der hohen Gitterenergie eine Schmelztemperatur von über 2 000 °C besitzt.

Im Jahr 1889 lösten der Amerikaner Charles Martin HALL und der Franzose Paul HÉROULT unabhängig voneinander diese Probleme. Heute ist Aluminium daher ein viel gebrauchtes, keineswegs teures und immer mehr geschätztes Metall. Durch den Deutschen Martin KILIANI verbessert, wird Aluminium bis heute nach folgendem Verfahren gewonnen:

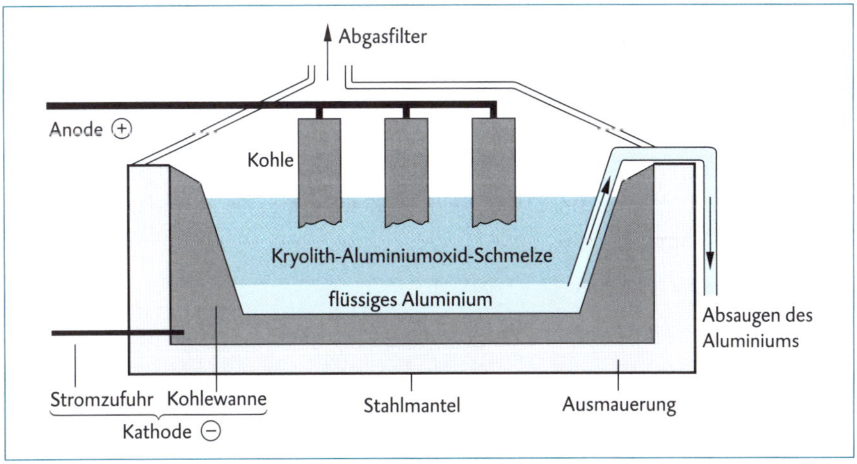

Abb. 40: Schmelzflusselektrolyse zur Herstellung von Aluminium aus Aluminiumoxid

Zur Absenkung der Schmelztemperatur auf ca. 1 000 °C besteht der Elektrolyt aus einem Gemisch von 20 % Aluminiumoxid (Al_2O_3) und 80 % Kryolith (Na_3AlF_6). Der Kryolith wird bei der Elektrolyse selbst nicht zersetzt, also auch nicht verbraucht. Das liegt daran, dass an der Kathode Aluminium-Ionen leichter reduziert werden als Natrium-Ionen und an der Anode Sauerstoff-Ionen (O^{2-}) leichter oxidiert werden als Fluorid-Ionen.
Während sich das an der Kathode gebildete Aluminium am Boden des Elektrolysegefäßes sammelt und hin und wieder abgesaugt wird, reagiert der anodisch gebildete Sauerstoff mit dem Elektrodenmaterial Graphit, wobei zunächst Kohlenstoffmonooxid entsteht, das dann mit Luftsauerstoff über der offenen Apparatur zu Kohlenstoffdioxid weiterreagiert.
An den beiden Polen laufen daher folgende Reaktionen ab:

Kathode $2\,Al^{3+} + 6\,e^- \longrightarrow 2\,Al$

Anode $3\,O^{2-} + 3\,C \longrightarrow 3\,CO + 6\,e^-$

Zu einer Gleichung zusammengefasst, ergibt sich:

$$Al_2O + 3\,C \longrightarrow 2\,Al + 3\,CO$$

Für die Folgereaktion gilt die Gleichung:

$$2\,CO + O_2 \longrightarrow 2\,CO_2$$

Ein Problem bei diesem Verfahren sind die hohen **Stromkosten**. Sie sind auf zwei Umstände zurückzuführen: Erstens werden zur Entladung eines einzigen Aluminium-Ions, das mit einer Masse von 27 u zu den leichtesten Metall-Ionen zählt, drei Elektronen benötigt. Zweitens muss die hohe Temperatur in der Schmelze durch den elektrischen Strom aufrechterhalten werden. Solche Anlagen arbeiten mit Spannungen von $U \approx 5$ Volt und es werden Stromstärken von $I = 200\,000$ A erreicht. Daher beträgt der Verbrauch an elektrischer Energie in einer Stunde:

$$W = U \cdot I \cdot t = 5\,\text{V} \cdot 200\,000\,\text{A} \cdot 1\,\text{h} = 1\,000\,\text{kWh}$$

Das reicht, wie eine einfache Rechnung zeigt, gerade einmal für gut 67 kg Aluminium:
Zur Abscheidung von 1 mol Aluminium werden $Q = 3 \cdot 96\,500$ A·s benötigt. Die in einer Stunde durch die Anlage geflossene elektrische Ladung beträgt $Q = I \cdot t = 7{,}2 \cdot 10^8$ A·s. In jeder Stunde produziert die Anlage daher 2 500 mol Aluminium mit einer Masse von 67,5 kg.

Schmelzflusselektrolyse von Alkalichloriden

Das Metall Natrium ist heute zu einem in der Industrie in großen Mengen verwendeten Stoff geworden. Es wird insbesondere als relativ preisgünstiges Reduktionsmittel und zur Synthese wichtiger Verbindungen wie Natriumamid ($NaNH_2$) und Natriumcyanid (NaCN) benötigt. Da die Schmelztemperatur von Kochsalz (NaCl) mit etwa 800 °C relativ niedrig liegt, ist die **Schmelzflusselektrolyse** das ideale Verfahren zur Gewinnung von Natrium.

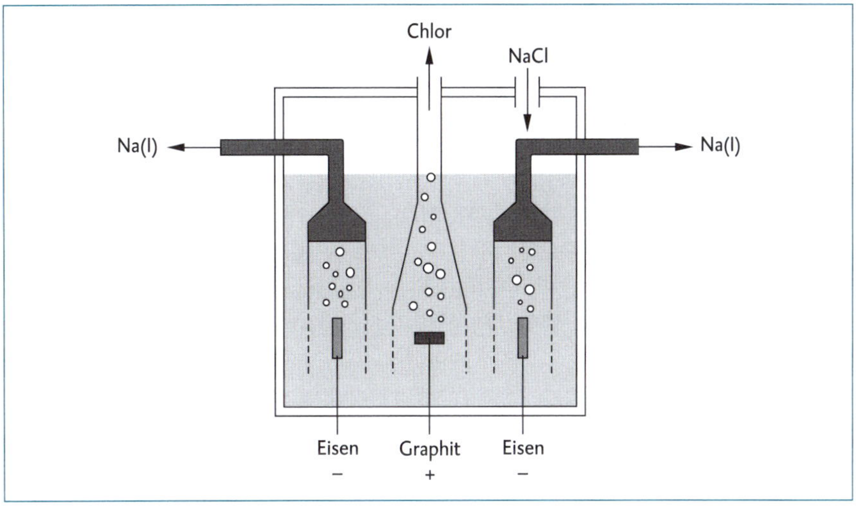

Abb. 41: Gewinnung von Natrium durch Schmelzflusselektrolyse

Natrium-Ionen werden an der ringförmigen, aus Eisen bestehenden Kathode reduziert. Flüssiges Natrium steigt wegen seiner geringen Dichte nach oben, sammelt sich in einer Ringleitung und fließt ab. Über der Anode aus Graphit wird das bei der Entladung der Chlorid-Ionen entstehende Chlor gesammelt und ebenfalls abgeleitet.

Die Gleichungen für die Elektrodenvorgänge lauten:

Kathode $2\,Na^+ + 2\,e^- \longrightarrow 2\,Na\,(l)$

Anode $2\,Cl^- \longrightarrow Cl_2\,(g) + 2\,e^-$

Insgesamt wird Natriumchlorid in die Elemente Natrium und Chlor gespalten:

$$2\,NaCl\,(l) \longrightarrow 2\,Na\,(l) + Cl_2\,(g)$$

4 Galvanische Elemente in der Praxis

Aus dem täglichen Leben sind Batterien nicht mehr wegzudenken. Wenn sie versagen, wachen wir morgens zu spät auf, weil der Wecker stehen geblieben ist. Personenwaage und Eieruhr verweigern den Dienst und schließlich springt auch noch das Auto nicht an. Kommen wir endlich trotz allem am Arbeitsplatz an, findet der Computer sein Betriebssystem nicht mehr.
Die treuen Diener, genannt „Batterien", sind galvanische Zellen. Für den Einmalgebrauch bestimmt, werden sie auch **Primärelemente** genannt. Wieder aufladbare Zellen heißen Sekundärelemente oder besser **Akkumulatoren**[32].

4.1 Nicht wieder aufladbare galvanische Zellen

Die LECLANCHÉ-Zelle oder Kohle-Zink-Zelle

Die Kohle-Zink-Zelle geht auf das Jahr 1868 zurück. Von dem französischen Chemiker Georges LECLANCHÉ entwickelt, ist sie als „Trockenbatterie" oder „Taschenlampenbatterie" bekannt und verfügt über eine Spannung von $U \approx 1{,}5\,V$.

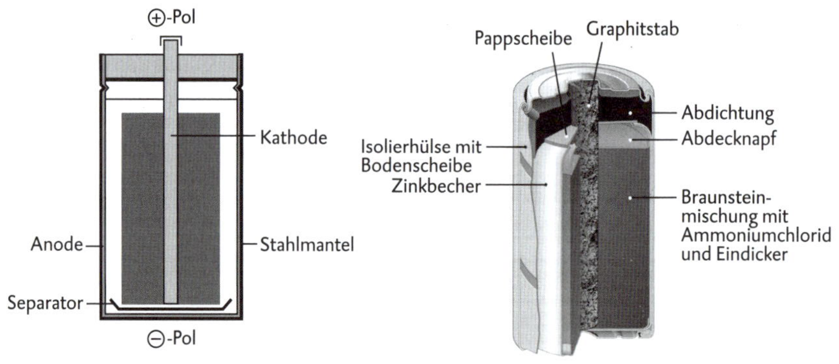

Abb. 42: Bau der LECLANCHÉ-Zelle

Beim Entladen der Zelle läuft am **Zinkbecher** eine Oxidation ab, Zink-Ionen entstehen. Diese Elektrode bildet also den Minuspol[33].

Minuspol $$Zn \longrightarrow Zn^{2+} + 2\,e^-$$

32 *accumulare:* lat. ansammeln
33 Beachten Sie, dass in galvanischen Zellen am Minuspol eine Oxidation abläuft. Der Minuspol ist also die Anode.

Die Graphit-Elektrode dient nur als Elektronenleiter. Die eigentliche Elektronenaufnahme erfolgt durch den Braunstein. Sein wissenschaftlicher Name ist Mangan(IV)-oxid. Für die am Pluspol ablaufenden Reaktionen können nur vereinfachte Reaktionsgleichungen angegeben werden, z. B.:

Pluspol $2\,MnO_2 + 2\,H_2O + 2\,e^- \longrightarrow 2\,MnO(OH) + 2\,OH^-$

Der wissenschaftliche Name der Verbindung MnO(OH) lautet Mangan(III)-oxid-hydroxid.
Beim Elektrolyten handelt es sich um eine wässrige Ammoniumchlorid-Lösung, die früher durch Zugabe von Stärke, später durch Methylcellulose oder spezielle Kunststoffe zu einer zähen und damit auslaufsicheren Paste angerührt worden ist. Ammoniumchlorid bindet die Folgeprodukte beider Elektrodenvorgänge. Es gibt Protonen an die Hydroxid-Ionen ab und das entstehende Ammoniak reagiert mit Zink-Ionen unter Bildung einer so genannten Komplexverbindung. Die vereinfachte Reaktionsgleichung dafür lautet:

im Elektrolyten $2\,NH_4Cl + Zn^{2+} + 2\,OH^- \longrightarrow [Zn(NH_3)_2]Cl_2 + 2\,H_2O$

Die Reaktionsgleichungen zeigen, dass bei den Zellreaktionen zunächst kein Wasser entsteht. Das gefürchtete **„Auslaufen“** der Batterien beruht darauf, dass der Zinkbecher beim Entladen nicht gleichmäßig verbraucht wird, also Löcher bekommt. Außerdem kann das entstandene MnO(OH) unter Wasserabgabe zu Mn_2O_3 werden und schließlich ist Braunstein ein starkes Oxidationsmittel, das mit organischen Verbindungen unter Bildung von Wasser reagiert. Der ausgelaufene Elektrolyt wirkt stark korrosionsfördernd und zerstört das Gerät, in dem sich die Batterie befindet.
Beim Versuch, eine solche Zelle mithilfe einer externen Stromquelle wieder aufzuladen, kann es zur Gasentwicklung kommen und die Zelle könnte durch den entstehenden Überdruck sogar explodieren.

Alkali-Mangan-Zellen

Die moderne Variante der LECLANCHÉ-Zelle kommt unter der Bezeichnung Alkali-Mangan-Zelle (**„Alkaline“**) in den Handel. Ammoniumchlorid ist hier durch Kaliumhydroxid ersetzt worden. Die Zellspannung beträgt wegen des sehr ähnlichen Reaktionsablaufs ebenfalls 1,5 Volt. Beim Entladen laufen an den Elektroden folgende Reaktionen ab:

Minuspol	$Zn + 2\,OH^-$	$\longrightarrow$	$Zn(OH)_2 + 2\,e^-$
Pluspol	$2\,MnO_2 + 2\,H_2O + 2\,e^-$	$\longrightarrow$	$2\,MnO(OH) + 2\,OH^-$
Gesamtreaktion	$Zn + 2\,MnO_2 + 2\,H_2O$	$\longrightarrow$	$Zn(OH)_2 + 2\,MnO(OH)$

Da bei der Zellreaktion Wasser verbraucht wird, ist auch die Auslaufsicherheit größer als beim normalen LECLANCHÉ-Element.
Es gibt zahlreiche weitere Varianten solcher galvanischer Elemente. Bei den sehr kleinen **„Knopfzellen"** hat man Braunstein durch Quecksilberoxid oder gar Silberoxid ersetzt und es bei Kaliumhydroxid als Elektrolyt belassen. Besonders die „quecksilberhaltigen" Zellen waren wegen der Giftigkeit sehr umstritten. Wie auch die Mangandioxid-Zellen müssen sie gesondert gesammelt und einem geeigneten Recyclingprozess zugeführt werden.

Lithiumbatterien

Spezielle elektronische Geräte, wie z. B. **Herzschrittmacher**, erfordern galvanische Zellen mit extrem hoher Betriebssicherheit und langer Lebensdauer. Herzschrittmacher werden durch eine Operation dem Körper des Patienten implantiert und verbleiben dort über mehrere Jahre. Für solche Zwecke geeignet sind Lithiumbatterien. Da das Lithium von allen Metallen das niedrigste („negativste") Standardpotenzial besitzt, erreicht man mit diesen Zellen höhere Spannungen. In der Regel sind es etwa 3 V, das ist doppelt so viel wie beim LECLANCHÉ-Element. Die kleine Atommasse des Lithiums bewirkt, dass Lithiumbatterien bei gleicher **Kapazität**[34] viel leichter sind als die meisten anderen galvanischen Zellen. Lithium ist daher eigentlich das ideale Elektrodenmaterial. Ein Nachteil aber ist, dass Lithium als Alkalimetall mit Wasser reagiert. Daher müssen diese Zellen gut eingekapselt sein und als Elektrolyte kommen nur organische Lösemittel infrage.
Am Minuspol dieser Zellen entstehen beim Entladen Lithium-Ionen:

Minuspol $Li \longrightarrow Li^+ + e^-$

Als Pluspol eignet sich z. B. Mangandioxid, das mit Lithium-Ionen reagiert, wobei ein Lithium-Manganoxid entsteht:

Pluspol $MnO_2 + Li^+ + e^- \longrightarrow LiMnO_2$

Brennstoffzellen

Die zur Zeit am meisten diskutierten elektrochemischen Stromquellen sind die **Brennstoffzellen**. Von einer Brennstoffzelle spricht man, wenn für den Strom liefernden Vorgang Stoffe verwendet werden, die üblicherweise auch als Brennstoffe infrage kommen. Das bekannteste Beispiel ist Wasserstoff. Möglich sind aber auch Methan, Methanol und sogar höhere Alkane. Daneben gibt es seltene Varianten, die mit „Brennstoffen" wie Hydrazin N_2H_4 arbeiten.

34 Darunter versteht man die Elektrizitätsmenge, die bis zur Entladung abgegeben werden kann. Die Kapazität wird in Amperestunden (Ah) angegeben.

Die so genannte „**Knallgaszelle**“ kennen Sie aus dem Unterricht:

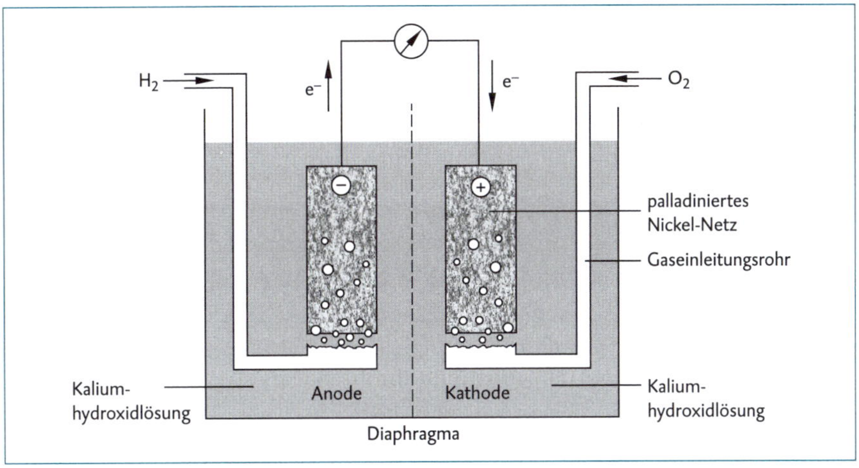

Abb. 43: Versuchsaufbau zum Funktionsprinzip der „Knallgaszelle“

Als Elektroden können zwei mit dem Edelmetall Palladium überzogene Nickel-Elektroden verwendet werden. Der Elektrolyt ist eine Kaliumhydroxid-Lösung. Ein Diaphragma trennt die beiden Halbzellen. Das ist vor allem nötig, weil die Gase Wasserstoff und Sauerstoff nicht vermischt werden dürfen, wodurch sich sonst das gefährliche Knallgas ergäbe. Zum Minuspol wird die von Wasserstoff umströmte Elektrode, an der sich das folgende Gleichgewicht einstellt:

Minuspol $2\,H_2(g) \rightleftharpoons 4\,H^+(aq) + 4\,e^-$

bzw., da die in alkalischer Lösung entstehenden Protonen sofort mit Hydroxid-Ionen reagieren:

$2\,H_2(g) + 4\,OH^- \rightleftharpoons 4\,H_2O + 4\,e^-$ $E^0 = -0{,}83\,V$[35]

Am Pluspol stellt sich folgendes Gleichgewicht ein:

Pluspol $4\,OH^-(aq) \rightleftharpoons 2\,H_2O + O_2(g) + 4\,e^-$ $E^0 = +0{,}40\,V$[36]

Da am Minuspol des galvanischen Elements eine Oxidation und am Pluspol eine Reduktion abläuft, lautet die Gesamtgleichung:

$2\,H_2(g) + O_2(g) \longrightarrow 2\,H_2O$

Das ist die bekannte Gleichung für die Knallgasreaktion. Das einzige Reaktionsprodukt ist **Wasser**, und das macht diese Zelle zum umweltfreundlichsten Energielieferanten. Der Elektrolyt wird nur durch das beim Betrieb entstehende Wasser verdünnt.

35 Hier gilt $E = E^0$, falls der pH-Wert 14 beträgt.
36 Hier gilt $E = E^0$, falls der pH-Wert 14 beträgt.

Ein Nachteil dieser galvanischen Zelle ist die relativ kleine Spannung. Sie ergibt sich aus der Potenzialdifferenz der beiden Halbzellen und beträgt

$$U = 0{,}40\ \text{V} - (-0{,}83\ \text{V}) \approx 1{,}23\ \text{V}$$

Wegen der geringen Masse der reagierenden Teilchen und der Umweltfreundlichkeit wurden diese Zellen für die Weltraumfahrt zur technischen Reife gebracht. Solche ausgefeilten Lösungen sind weit von dem entfernt, was man mit schulüblichen Laborgeräten zusammenbauen kann. So werden Verluste an Wasserstoff und Sauerstoff praktisch völlig vermieden und das bei der Arbeit der Brennstoffzelle entstehende Wasser konnte beim Apollo-Programm sogar zur Versorgung der Astronauten eingesetzt werden. Die Trinkwasserversorgung ist bei Weltraumflügen ein besonders schwer zu lösendes Problem.
Abbildung 44 zeigt eine moderne Variante der Knallgaszelle. Sie ist für Demonstrationszwecke aus Plexiglas gefertigt.

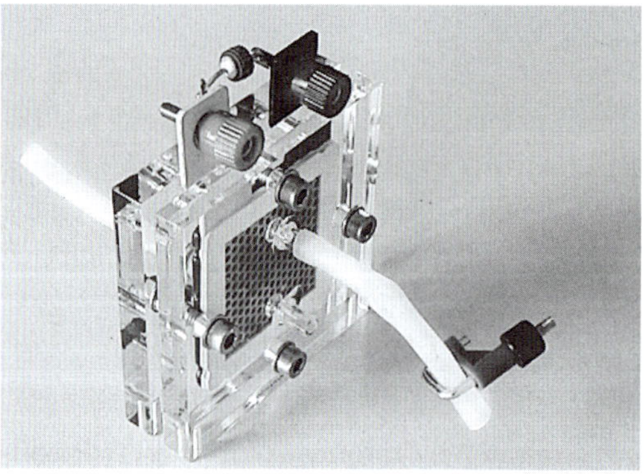

Abb. 44: Funktionstüchtiges Modell einer modernen Wasserstoff-Sauerstoff-Brennstoffzelle. Die beiden Elektroden und die PEM (siehe Text unten) bilden eine dünne Schicht, oben sind die beiden Kabelanschlüsse zu erkennen, links und rechts die Schläuche zur Einleitung der Gase Wasserstoff und Sauerstoff. Statt Sauerstoff genügt in der Praxis Luft.

Abbildung 45 zeigt den Aufbau dieser **PEM-Brennstoffzelle**[37]. Statt eines flüssigen Elektrolyten reicht eine für Protonen durchlässige, hauchdünne Membran. So läuft am Minuspol die folgende Reaktion ab:

$$2\ H_2(g) \longrightarrow 4\ H^+ + 4\ e^-$$

Die durch die Membran wandernden Protonen treffen an der zweiten Platin-Elektrode auf Sauerstoff-Moleküle der Luft:

$$4\ H^+ + O_2(g) + 4\ e^- \longrightarrow 2\ H_2O$$

Als Reaktionsprodukt entsteht reines Wasser. Der Betrieb dieser Brennstoffzelle ist also mit keinerlei Umweltbelastung verbunden.

37 **PEM** steht für **P**roton **E**xchange **M**embrane, das ist eine für H^+-Ionen durchlässige Membran. Geeignet sind dafür Kunststoffe mit Sulfogruppen, $-SO_3H$, die zusätzlich kleine Mengen Wasser binden.

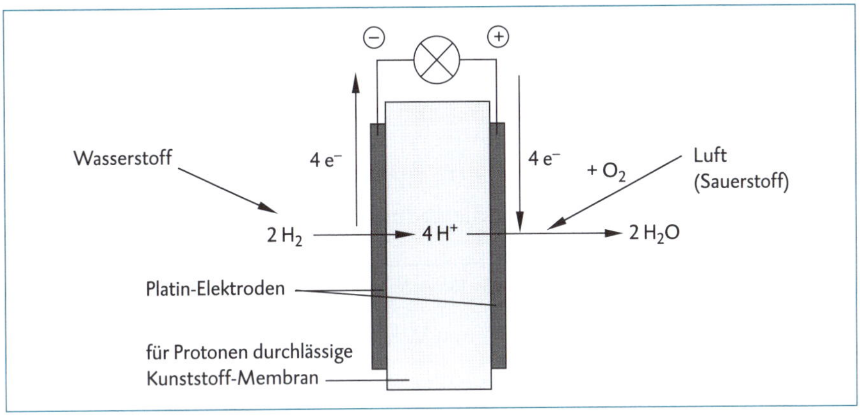

Abb. 45: Aufbau einer PEM-Brennstoffzelle

Neben der unumstritten hervorragenden Umweltverträglichkeit wird bei allen Brennstoffzellen auch die Frage nach dem **Wirkungsgrad** gestellt. Als Vergleichsstandard dienen die Wirkungsgrade der üblichen Verbrennungsmotoren. Die Benzinmotoren unserer Autos können bekanntlich ohne große Komplikationen auf einen Betrieb mit Wasserstoff oder Methan umgestellt werden.

> Unter dem **Wirkungsgrad η** versteht man das Verhältnis von verrichteter mechanischer oder elektrischer Arbeit W und Reaktionsenthalpie ΔH.[38]

Für diese Zelle ergibt die Rechnung:

```
2 H2 (g) + O2 (g) = 2 H2O (l)
-------------------------------------------

Temperatur T = 298 K (25 °C)
Reaktionsenthalpie (pro Formelumsatz):          dH = -572.06 kJ
Reaktionsentropie (pro Formelumsatz):           dS = -326.53 J/k
freie Reaktionsenthalpie (pro Formelumsatz): dG = -474.75 kJ
Gleichgewichtskonstante (Zahlenwert):           K = 10^83.22
                                               (log (k) = 83.22)

Die Reaktion ist bei 298 K exergonisch (läuft ab)!
```

Abb. 46: Berechnung der energetischen Daten für die Zellreaktion der Wasserstoff-Sauerstoff-Brennstoffzelle mithilfe eines Computerprogramms

38 Nähere Angaben dazu siehe Rechnen in der Chemie, Stark-Verlag, Titel-Nr. 84735.

Die mit dieser Brennstoffzelle maximal mögliche **elektrische Arbeit** W(el.) kann aus der Zellspannung U und der gelieferten Ladung $Q = I \cdot t$ berechnet werden:

$$W(\text{el}) = -U \cdot Q = -U \cdot I \cdot t$$

Mit der erreichbaren Zellspannung $U = 1{,}23$ V und unter Berücksichtigung der Tatsache, dass 1 mol Elektronen die Ladung $Q = 96\,500$ A · s besitzen, ergibt sich:

$$W(\text{el}) = -1{,}23\ \text{V} \cdot 96\,500 \cdot 4\ \text{A} \cdot \text{s} = -475 \cdot 10^3\ \text{V} \cdot \text{A} \cdot \text{s} = -475\ \text{kJ}$$

Die Brennstoffzelle besitzt daher einen Wirkungsgrad η von:

$$\eta = \frac{W(\text{el})}{\Delta H} = \frac{-475\ \text{kJ}}{-572\ \text{kJ}} = 0{,}83 = 83\,\%$$

In der Praxis können solche Zellen Wirkungsgrade um 70 % erreichen. Die der Verbrennungsmotoren liegen im günstigsten Fall bei etwa 40 %. Nach dem Energieerhaltungssatz wird beim Betrieb der Brennstoffzelle zusätzlich Wärme frei. Diese reicht aus, um die Zelle auf die optimale Betriebstemperatur von etwa 80 °C zu bringen. Es wird sogar erprobt, Brennstoffzellen zum Heizen von Häusern einzusetzen. Die Produktion von Strom und Wärme würde dann gekoppelt erfolgen. Dabei gelten Wirkungsgrade von fast 100 % als erreichbar. Die im Stromnetz erforderlichen hohen Spannungen kann man erzielen, indem man Brennstoffzellen hintereinander schaltet. Mit einem Stapel aus knapp 300 solchen Plättchen können die 230 V des modernen Stromversorgungsnetzes erreicht werden. Dank moderner Elektronik ist auch die Umwandlung der Gleichspannung in Wechselspannung möglich.

Ein Problem ist aber die Bereitstellung größerer Mengen von Wasserstoff. Dazu könnte Erdgas verwendet werden, das am Katalysator in exothermer Reaktion Wasserstoff und Kohlenstoffmonooxid liefert:

$$2\,CH_4(g) + O_2(g) \longrightarrow 2\,CO(g) + 4\,H_2(g) \qquad \Delta H = -71{,}2\ \text{kJ}$$

Das Kohlenstoffmonooxid muss sorgfältig entfernt werden, weil es als starkes Katalysatorgift die empfindlichen Platinoberflächen der Elektroden inaktiviert. Für solche Prozesse sind die neuen Hochtemperatur-Brennstoffzellen besser geeignet. Sie arbeiten bei Temperaturen von 700 °C bis 1 000 °C. Statt einer für Protonen durchlässigen Kunststoffmembran kommt bei diesen **SOFC-Zellen**[39] ein aus Zirconiumoxid (ZrO_2) und Yttriumoxid (Y_2O_3) bestehender, porzellanähnlicher und für Sauerstoff-Ionen (O^{2-}) durchlässiger Festkörper zum Einsatz.

39 SOFC = Solid Oxid Fuel Cell, Festoxid-Brennstoffzelle

In einem vorgeschalteten **Reformer** können die üblichen Brennstoffe wie Erdgas und sogar Heizöl mit geringen Mengen Luft unter Bildung von Wasserstoff und Kohlenstoffoxiden gespalten werden. Noch günstiger wäre die direkte Verwendung flüssiger Brennstoffe. Mit Methanol ist das bereits möglich. Statt Wasserstoff wird PEM-Zellen ein Gemisch aus Methanol und Wasser zugeführt, das am Minuspol nach der folgenden Gleichung reagiert:

$$CH_3OH + H_2O \longrightarrow CO_2 + 6\,H^+ + 6\,e^-$$

Am Pluspol werden die Protonen dann mit Sauerstoff-Molekülen umgesetzt:

$$O_2 + 4\,H^+ + 4\,e^- \longrightarrow 2\,H_2O$$

Insgesamt läuft der folgende Vorgang ab:

$$2\,CH_3OH + 3\,O_2 \longrightarrow 2\,CO_2 + 4\,H_2O$$

4.2 Wieder aufladbare galvanische Zellen (Akkumulatoren)

Auch bei den Akkumulatoren herrscht heute eine fast unübersehbare Fülle. Hier werden daher nur die wichtigsten und modernsten Varianten besprochen.

Der Bleiakkumulator

Der „Bleiakku“ ist der Akkumulator schlechthin. Die im Pkw eingebaute **„Bleibatterie“** ist ein schwerer, rechteckiger Kasten, der aus sechs hintereinander geschalteten galvanischen Zellen besteht. Abbildung 47 zeigt eine solche Zelle. Da die Spannung einer einzelnen Zelle etwa 2 Volt beträgt, hat dieser Akku eine Spannung von

$$U = 6 \cdot 2\,V = 12\,V$$

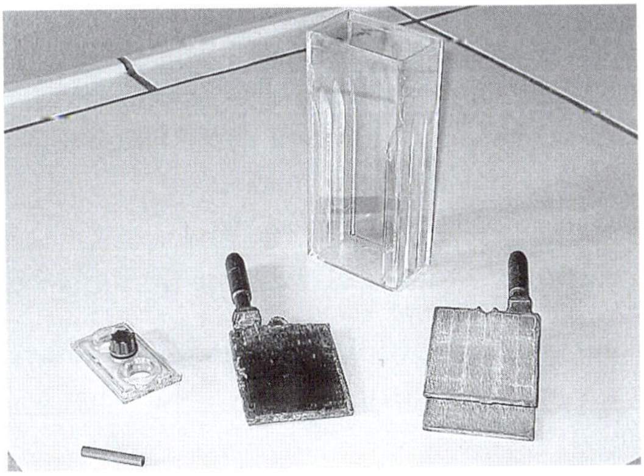

Abb. 47: Zelle eines Bleiakkumulators. Im Hintergrund das Gefäß, in das der Elektrolyt eingefüllt wird, eine Schwefelsäure-Lösung mit einem Massenanteil von 20 bis 30 %. Vor dem Behälter liegen die beiden Elektroden, der Deckel und ein Stift, der die Elektroden auf Abstand hält.

Abbildung 48 zeigt die Skizze eines geladenen Bleiakkumulators. Als Minuspol dient ein Bleigitter, auf das schwammiges Blei aufgepresst ist. Die positive Platte besteht aus einem Bleigitter, auf das rotbraunes Bleidioxid (PbO_2) aufgepresst wurde.
Beim **Entladen** des Akkumulators laufen folgende Reaktionen ab:

Minuspol $$Pb(s) + SO_4^{2-}(aq) \longrightarrow PbSO_4(s) + 2\,e^-$$

Die bei der Oxidation des Bleis entstehenden Blei(II)-Ionen bilden in schwefelsaurer Lösung weißes, schwer lösliches Bleisulfat. Es lagert sich an der Oberfläche der Elektrode ab.

Pluspol $$PbO_2(s) + 4\,H^+(aq) + SO_4^{2-}(aq) + 2\,e^- \longrightarrow PbSO_4(s) + 2\,H_2O$$

Bei der Reduktion der Blei(IV)-Ionen entstehen ebenfalls Blei(II)-Ionen. Auch sie bilden schwerlösliches Bleisulfat.

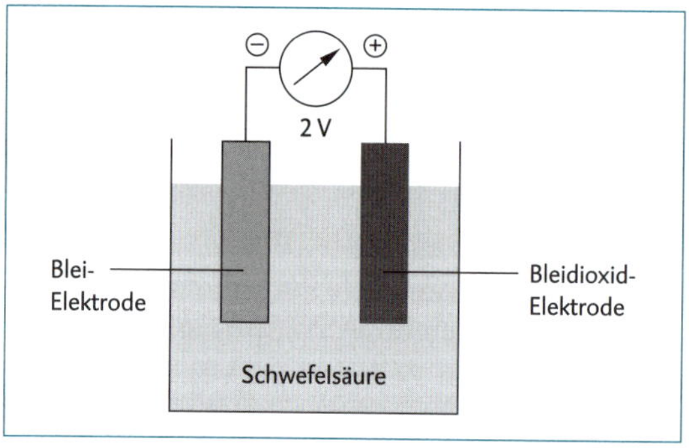

Abb. 48: Skizze eines Bleiakkumulators in geladenem Zustand

Wieder aufladbar ist die Zelle, weil Bleisulfat auf den Elektroden abgelagert wird und dort beim Anlegen einer Gleichspannung wieder die Ausgangsstoffe bildet. Die Elektrodenvorgänge laufen beim Aufladen in genau umgekehrter Richtung ab. Der Minuspol des Ladegeräts muss also mit dem Minuspol des Akkus verbunden werden. Entsprechendes gilt für den Pluspol.
Die Gesamtgleichung für den Entlade- und den Ladevorgang lautet:

$$Pb(s) + PbO_2(s) + 4\,H^+(aq) + 2\,SO_4^{2-}(aq) \underset{\text{Laden}}{\overset{\text{Entladen}}{\rightleftharpoons}} 2\,PbSO_4(s) + 2\,H_2O$$

Da beim Entladen Schwefelsäure verbraucht wird und diese eine größere Dichte als Wasser besitzt, kann man den Ladezustand durch Messung der Dichte der Schwefelsäure feststellen.
Wie bei allen Elektrolysevorgängen ist beim Aufladen des Bleiakkus die Möglichkeit der Wasserzersetzung in Betracht zu ziehen. Tatsächlich erfordert die Wasserzersetzung bei allen pH-Werten eine Zersetzungsspannung von

U(Zers.) = 1,23 Volt. Das liegt weit unterhalb der zum Aufladen des Akkus benötigten Mindestspannung. Diese beträgt etwa 2 Volt, entsprechend der Spannung des Akkus. Hier begegnet man wieder der schon mehrmals erwähnten Überspannung. Nur weil die Entstehung der Gase Wasserstoff und Sauerstoff gehemmt ist, kann der Akku überhaupt geladen werden. In diesem Fall lässt sich diese Überspannung sogar berechnen. Sie muss mindestens so groß sein wie die Differenz zwischen Ladespannung *U*(Ladung) und Zersetzungsspannung *U*(Zers.) des Wassers. Verwendet man für die Überspannung das Symbol η[40], so gilt für die Wasserzersetzung:

$$\eta = 2\,V - 1{,}23\,V = 0{,}76\,V$$

Da Überspannungen normalerweise bei Elektrodenvorgängen, bei denen Gase entstehen, deutlich über diesem Wert liegen, bereitet das Laden in der Regel keine Probleme. Es ist allerdings darauf zu achten, dass die Akkus nicht zu lange geladen werden und das Ladegerät ein Ansteigen der Ladespannung verhindert. Andernfalls wird Knallgas gebildet. Bleiakkus dürfen daher niemals in geschlossenen Räumen geladen werden.

Lithiumionen-Akku

Der moderne **Lithiumionen-Akku** kommt immer häufiger in tragbaren Computern („Laptops“, „Notebooks“) zum Einsatz, die besonders hohe Anforderungen stellen. In seinem Aufbau ist er der bei den Primärelementen besprochenen Lithiumzelle (siehe S. 124) sehr ähnlich. Das Problem, dass Lithium ein Alkalimetall ist und daher kein gutes Elektrodenmaterial abgibt, wurde auf eine elegante Art gelöst: Diese Akkumulatoren enthalten in Graphit eingebettetes metallisches Lithium. Eine für Lithium-Ionen durchlässige Membran trennt diese „lithiumgefüllte“ Graphitelektrode von der zweiten Halbzelle. Dort kann wieder Braunstein oder ein anderes Oxidationsmittel die Elektronenaufnahme bewerkstelligen. Da kein Elektrolyt vorhanden ist, sind die Akkus betriebssicher. Außerdem haben sie die bekannt hohe Leistungsfähigkeit aller Lithiumzellen, die schon besprochen wurde.

Am Minuspol werden beim Entladen Lithium-Ionen gebildet, die aus dem Graphitgitter durch die Ionen leitende Kunststoffmembran in die andere Halbzelle wandern. Dort werden sie in Verbindungen wie Braunstein oder in andere Metalloxide eingelagert:

Minuspol $Li \longrightarrow Li^+ + e^-$

Pluspol $MnO_2 + Li^+ + e^- \longrightarrow LiMnO_2$

40 Der in diesem Kapitel erwähnte Wirkungsgrad bekommt (leider) das gleiche Symbol, hat mit der Überspannung aber nichts zu tun.

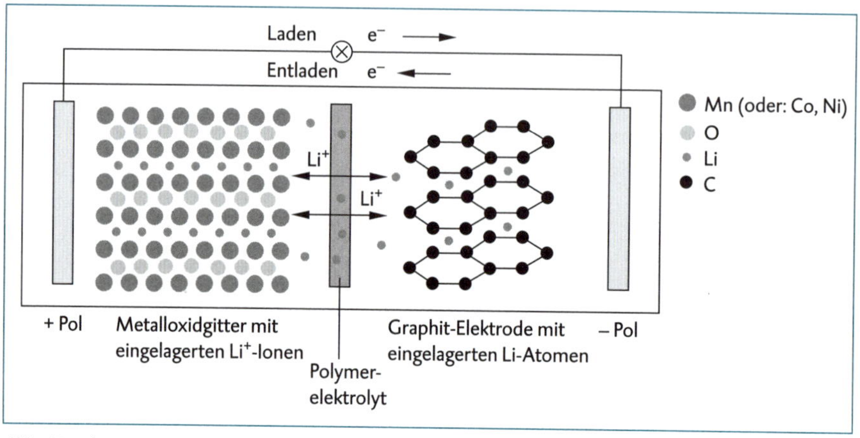

Abb. 49: Schemazeichnung eines modernen Lithiumionen-Akkumulators

Da metallisches Lithium im Grunde auch nur aus Lithium-Ionen besteht, die in ein „Elektronengas" eingebettet sind, wandern bei diesem Akku eigentlich nur Li^+-Ionen hin und her. Beim Laden werden sie in das Graphitgitter getrieben, beim Entladen in das Oxidgitter. Dieser, mit 4–5 Volt auch leistungsstarke und über 1 000 Ladezyklen verkraftende Akku wird daher auch als „Swing-Batterie" bezeichnet.

5 Korrosion

Korrosion ist die Zerstörung von Werkstoffen durch chemische oder elektrochemische Reaktionen mit der Umgebung. Beispiele sind das **Rosten von Eisen** an der Luft oder im Boden, die Bildung von **Patina auf Kupfer**, aber auch die Zerstörung einer Steinskulptur durch sauren Regen. Durch Korrosion entstehen riesige wirtschaftliche Schäden. Schätzungen gehen davon aus, dass jährlich 1–2 % des in der Technik eingesetzten Eisens bzw. Stahls durch Korrosion unbrauchbar werden.

Im Folgenden wird nur die elektrochemische Korrosion etwas genauer besprochen und dabei insbesondere auf das bedeutendste Gebrauchsmetall eingegangen: Eisen bzw. Stahl.

Die wichtigsten in der Atmosphäre enthaltenen „Angreifer" auf metallische Werkstoffe sind Oxonium-Ionen und Sauerstoff-Moleküle, wobei beide in Gegenwart von Wassermolekülen einwirken. Demnach unterscheidet man zwischen der „Wasserstoffkorrosion" und der „Sauerstoffkorrosion."

5.1 Wasserstoffkorrosion

Die Wasserstoffkorrosion beruht auf der oxidierenden Wirkung wässriger Lösungen durch ihren Gehalt an Oxonium-Ionen. Maßgebend dafür ist das Gleichgewicht:

$$H_2(g) \rightleftharpoons 2\,H^+(aq) + 2\,e^- \qquad E^0 = 0\,V \quad (pH = 0)$$
$$E = -0{,}41\,V \quad (pH = 7)$$
$$E = -0{,}83\,V \quad (pH = 14)$$

Das hat gravierende Konsequenzen: Alle Metalle mit Standardpotenzialen von E^0(Metall) < 0,41 V sollten mit Wasser unter Bildung von Wasserstoff reagieren. Wie die Tabelle der Standardpotenziale (siehe S. 171 f.) zeigt, gehören dazu fast alle wichtigen Gebrauchsmetalle wie Eisen, Zink, Chrom, vor allem aber auch die Leichtmetalle Aluminium und Magnesium.

Dass die meisten dieser Metalle gegen Korrosion trotzdem recht widerstandsfähig sind, liegt daran, dass die ablaufenden Reaktionen gehemmt werden. Das Phänomen ist bereits als „Überspannung“ bekannt. Überspannungen werden leicht aufgehoben, wenn Reduktion und Oxidation räumlich getrennt ablaufen können. Das ist z. B. der Fall, wenn in Eisen Kristalle eines edleren Metalls, z. B. Kupfer, eingelagert sind:

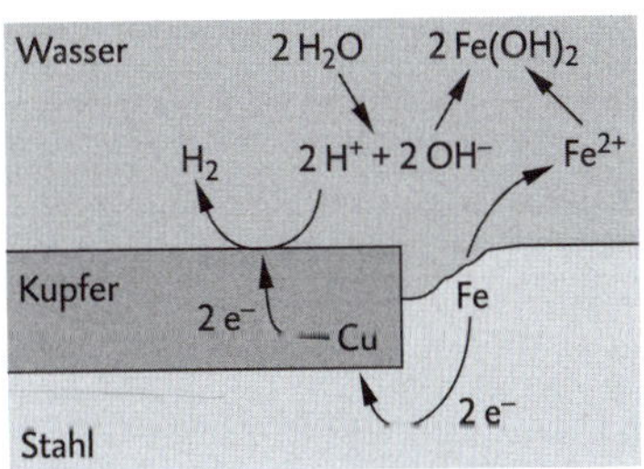

Abb. 50: Wasserstoffkorrosion

In diesem Fall entsteht an der Metalloberfläche ein galvanisches Element. Den Minuspol, also die Anode, bildet Eisen. Dort gehen Fe^{2+}-Ionen in Lösung:

$$Fe(s) \longrightarrow Fe^{2+}(aq) + 2\,e^-$$

Da die H^+-Ionen wieder nachgebildet werden, läuft am Kupfer insgesamt folgender Vorgang ab:

$$2\,H_2O(l) + 2\,e^- \longrightarrow H_2(g) + 2\,OH^-(aq)$$

Zuletzt bilden Eisen-Ionen mit Hydroxid-Ionen das schwer lösliches Eisenhydroxid[41], das sich an der Grenzfläche zwischen Metall und Lösung ablagert.

$$Fe^{2+}(aq) + 2\,OH^-(aq) \longrightarrow Fe(OH)_2(s)$$

Die Reaktionsgleichung für die insgesamt ablaufende Reaktion lautet:

$$Fe(s) + 2\,H_2O(l) \longrightarrow Fe(OH)_2(s) + H_2(g)$$

5.2 Sauerstoffkorrosion

Diese Variante ist die bei weitem gefährlichere. Oxidationsmittel ist in diesem Fall Sauerstoff zusammen mit Wasser. Mit einem Standard-Redoxpotenzial von $E^0 = +0{,}40$ V wirken diese Reaktionspartner bedeutend stärker oxidierend:

$$4\,OH^-(aq) \rightleftharpoons 2\,H_2O + O_2(g) + 2\,e^- \qquad E^0 = +0{,}40\ V$$
$$E = +0{,}81\ V\ (pH = 7)$$

Bei pH = 7 reicht die oxidierende Wirkung sogar aus, um Eisen auf die Oxidationsstufe +III zu bringen, sodass sich neben Fe^{2+}- auch Fe^{3+}-Ionen bilden. Auch in diesem Fall setzt die Korrosion an bestimmten Stellen an und führt zu einem ungleichmäßigen Abtrag der Metalloberfläche, sodass Poren entstehen. Daher spricht man von „Lochfraß".

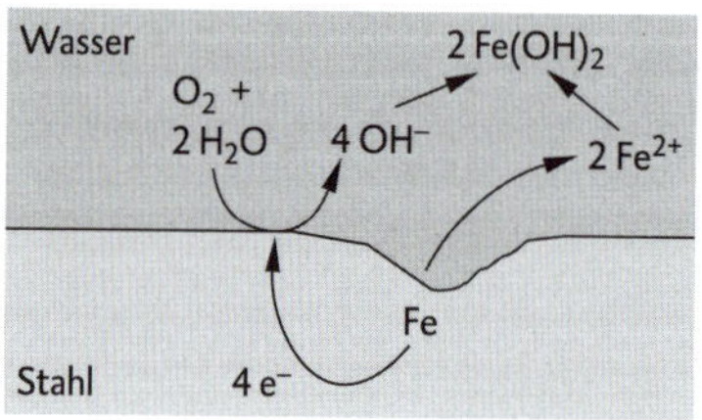

Abb. 51: Sauerstoffkorrosion

Zusammengefasst ergeben sich folgende Reaktionen:

$$2\,Fe(s) \longrightarrow 2\,Fe^{2+}(aq) + 4\,e^-$$
$$O_2(g) + 2\,H_2O(l) + 4\,e^- \longrightarrow 4\,OH^-$$

Und, weil Eisenhydroxid einen in Wasser schwer löslichen Niederschlag bildet:

$$2\,Fe(s) + O_2(g) + 2\,H_2O(l) \longrightarrow 2\,Fe(OH)_2(s)$$

Eisen(II)-hydroxid ist in reinem Zustand fast farblos, wird aber teilweise durch Oxidation rasch dunkelblau bis fast schwarz. **Rost** ist jedoch ein rotbraunes

41 Wie im nächsten Abschnitt besprochen, wird Eisen(II)-hydroxid bei Luftzutritt sofort zu Eisen(III)-hydroxid oxidiert, ist also nur bei Abwesenheit von Sauerstoff Endprodukt dieser Art von Korrosion.

Produkt. Er entsteht durch Oxidation von Eisen(II)- zu Eisen(III)-hydroxid, das in wasserhaltiges Eisen(III)-oxid übergeht:

$$4\,Fe(OH)_2\,(s) + O_2\,(g) + 2\,H_2O\,(l) \longrightarrow 4\,Fe(OH)_3\,(s)$$

$$Fe(OH)_3\,(s) \longrightarrow FeO(OH)\,(s) + H_2O\,(l)$$

Neben Eisen(III)-oxid-hydroxid können sich auch wasserhaltige Eisen(III)- und Eisen(II,III)-oxide mit Formeln wie $Fe_2O_3 \cdot x\,H_2O$ und $Fe_3O_4 \cdot x\,H_2O$ bilden.

5.3 Korrosionsschutz

Sowohl bei der Wasserstoffkorrosion als auch bei der Sauerstoffkorrosion wird Wasser als Reaktionspartner benötigt. Dieses steht ab einer Luftfeuchte von 70 % zur Verfügung und schlägt sich als dünner Film auf der Metalloberfläche nieder. Die einfachste Methode, Eisen vor Korrosion zu schützen, ist daher, diese Oberfläche unzugänglich zu machen.

Das gelingt durch **Anstriche**. Moderne Farben und Lacke gehören zu den Kunststoffen. Sie bilden hydrophobe, luftundurchlässige Schichten. Zusätzlich sind meist Stoffe enthalten, die als Reduktionsmittel wirken oder durch Reaktion mit dem Eisen Schutzschichten bilden. Dazu geeignet sind Zinkstaub oder Zinkphosphat. Die früher viel verwendete **Mennige**, ein orangerot gefärbtes Bleioxid mit der Formel Pb_3O_4, zählt auch dazu, wird heute wegen ihrer Giftigkeit aber kaum noch verwendet.

Eine weitere beliebte Korrosionsschutzmethode sind **metallische Überzüge**. Besonders bewährt hat sich dabei Zink. Es wird entweder elektrolytisch oder durch „Feuerverzinken“ aufgebracht, also durch Eintauchen des Werkstücks in flüssiges Zink.

Zink ist unedler als Eisen und wegen der an der Luft gebildeten Deckschichten relativ unempfindlich gegen Korrosion. Bei der Beschädigung der Zinkschicht entsteht ein galvanisches Element, in dem Zink zur Anode und das zu schützende Eisen zur Kathode wird. Wenn überhaupt, wird daher das Zink oxidiert und das Eisen vor Korrosion geschützt.

Umgekehrt verläuft die Reaktion bei Überzügen aus Metallen, die edler als Eisen sind. Das sind z. B. **Zinn**, **Chrom** oder **Kupfer**. Sie lassen das Eisen bei einer Beschädigung der Schutzschicht zur Anode werden. Es geht in Lösung, wodurch die Schutzschicht regelrecht unterwandert wird. Verzinntes, d. h. mit einem Überzug aus Zinn versehenes Eisen, wird auch als „Weißblech“ bezeichnet.

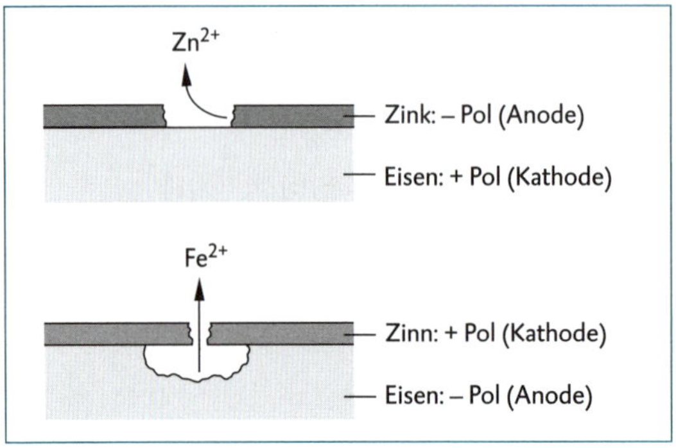

Abb. 52: Folgen einer Beschädigung der Schutzschicht von Eisen mit einem Überzug aus Zink (oben) und Zinn (unten)

Bei großen Werkstücken reicht es aus, nur an einigen Stellen Zinkplättchen anzubringen. Diese wegen ihrer Form manchmal als „Zinkmäuse" bezeichneten und durch Schrauben befestigten Stücke können z. B. Außenwände großer Seeschiffe oder Schaufeln von Wasserturbinen vor Korrosion schützen. Diese Zinkmäuse werden nach und nach verbraucht; sie opfern sich also sozusagen für das zu schützende Werkstück. Es sind **„Opferanoden"** und diese Art von Korrosionsschutz bezeichnet man als „passiven kathodischen Schutz", weil Eisen dabei zur Kathode wird.

Statt das zu schützende Werkstück durch das Aufbringen unedlerer Metalle vor Korrosion zu schützen, kann auch eine externe Spannungsquelle eingesetzt werden. Abbildung 53 zeigt einen vor Korrosion geschützten, unterirdischen Tank aus Stahl. Er ist mit dem Minuspol einer Gleichspannungsquelle verbunden. Die Anordnung entspricht einer Elektrolysezelle. Dort ist der Minuspol die Kathode, an ihr wird durch die Elektronenzufuhr eine Oxidation unmöglich gemacht. Mit dem Pluspol, der hier die Anode bildet, können Gegenstände aus Schrott verbunden werden. Hier verläuft dann die Oxidation. Man spricht von „aktivem kathodischem Korrosionsschutz".

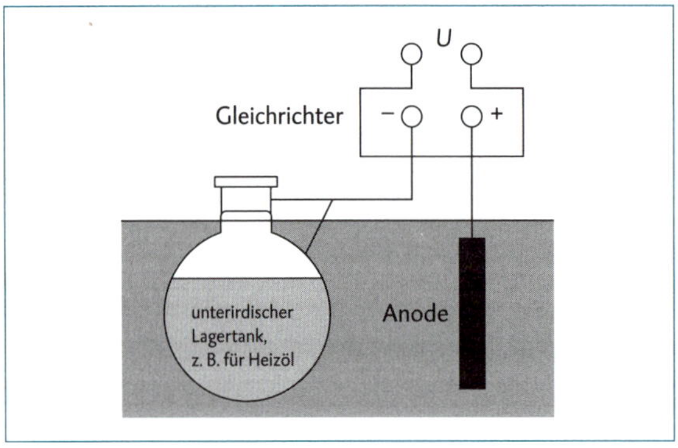

Abb. 53: „Aktiver kathodischer Korrosionsschutz" an einem unterirdischen Lagertank durch eine angelegte Gleichspannung

Umweltverschmutzungen erhöhen die Korrosionsgefahr. Stickstoffoxide in der Atmosphäre bilden mit Luftsauerstoff und Wasser Salpetersäure, die sogar das edle Metall Kupfer angreift. Im Winter auf Straßen eingesetzte Streusalze erhöhen die elektrische Leitfähigkeit des Regenwassers. Elektrochemische Vorgänge laufen dadurch schneller ab. Die Maßnahmen zur Reinhaltung von Luft und Wasser verringern daher auch die durch Korrosion hervorgerufenen wirtschaftlichen Schäden.

Zusammenfassung

- Als **Redoxreaktionen** werden heute Reaktionen bezeichnet, bei denen ein **Elektronenübergang** erfolgt. Dabei bedeutet **Oxidation** eine **Elektronenabgabe** und **Reduktion** eine **Elektronenaufnahme.**
- Bei der Feststellung, ob es sich bei einer Reaktion um eine Redoxreaktion handelt, hilft die **Oxidationszahl**. Man versteht darunter die Ladung, die ein Atom bekommen würde, wenn die Bindungselektronen jeweils dem Atom mit der **größeren Elektronegativität** zugeordnet würden.
- Taucht eine Metallelektrode in eine Lösung, die Ionen dieses Metalls enthält, stellt sich an der Oberfläche ein für dieses Metall typisches elektrochemisches Gleichgewicht ein, z. B.

  $Cu(s) \rightleftharpoons Cu^{2+}(aq) + 2e^-$

  Dadurch bekommt die Elektrode ein **elektrisches Potenzial**.
- Eine Versuchsanordnung bestehend aus zwei Elektroden und den dazugehörigen Lösungen wird als **galvanisches Element** bezeichnet. Seine Spannung entspricht der **Potenzialdifferenz** der beiden Elektroden.
- Da nur Potenzialdifferenzen gemessen werden können, muss eine Bezugselektrode ausgewählt werden. Das ist die **Standard-Wasserstoff-Elektrode.** Ihr Elektrodenpotenzial E^0 wird auf 0 Volt festgelegt.
- Die Tabelle der **Standard-Elektrodenpotenziale** E^0 ist eines der wichtigsten Hilfsmittel in der Chemie. Durch sie ist es möglich
  - a die Spannung eines beliebigen galvanischen Elements aus den Elektrodenpotenzialen zu berechnen,
  - b vorherzusagen, ob eine bestimmte Redoxreaktion ablaufen kann und
  - c die bei einer Elektrolyse am Plus- und Minuspol ablaufenden Reaktionen anzugeben.
- Bei der Elektrolyse ist in der Regel eine Mindestspannung, die **Zersetzungsspannung**, erforderlich, weil durch die an den Elektroden abgeschiedenen Stoffe ein galvanisches Element entsteht. Seine Spannung bestimmt die Höhe der Zersetzungsspannung.

- Am Minuspol reagieren bei der Elektrolyse die Teilchen, die sich am leichtesten reduzieren lassen. Am Pluspol reagieren die Teilchen, die sich am leichtesten oxidieren lassen. **Überspannungen** erhöhen in vielen Fällen die Zersetzungsspannung und können bewirken, dass andere Stoffe abgeschieden werden, als aufgrund der Tabelle der Standard-Elektrodenpotenziale zu erwarten ist.
- Zu den wichtigsten Elektrolysevorgängen in der Technik gehören die **Chloralkalielektrolyse**, die **Kupferraffination**, die **Aluminiumgewinnung durch Schmelzflusselektrolyse** und die **Schmelzflusselektrolyse von Alkalichloriden**.
- Bei den in der Technik wichtigen galvanischen Elementen unterscheidet man zwischen den nicht wieder aufladbaren **Primärzellen** und den wieder aufladbaren **Sekundärzellen** oder **Akkumulatoren**.
- Neben der bekannten **Alkali-Mangan-Zelle** zählt vor allem die **Lithiumbatterie** wegen ihrer Spannung von 3 V und der langen Lebensdauer zu den wichtigsten galvanischen Zellen.
- Der **Brennstoffzelle**, in der Wasserstoff und Sauerstoff zu Wasser reagieren, dürfte in Zukunft wegen ihres hohen Wirkungsgrades und der Umweltfreundlichkeit eine große Bedeutung zukommen.
- Die wichtigsten Akkumulatoren sind der nach wie vor in Autos eingebaute **Bleiakkumulator** und für moderne, hochwertige elektronische Geräte neuerdings der **Lithiumionen-Akku**.
- **Eisen**, das auch heute noch wichtigste Gebrauchsmetall, unterliegt wegen seines niedrigen Standard-Potenzials leicht der Korrosion. Bedeutsam ist vor allem die **Sauerstoffkorrosion**, bei der Wasser und Sauerstoff als Oxidationsmittel wirken. Als Endprodukt bilden sich aus Eisen wasserhaltige Eisenoxide.
- **Korrosionsschutz** erfolgt durch Aufbringen von Schutzschichten wie **Farbanstriche** oder **metallische Überzüge**, wobei vor allem **Zink** eine bedeutende Rolle spielt.

Aufgaben

32. Geben Sie die Oxidationszahlen aller Elemente in den Verbindungen mit folgenden Formeln an: KCl, H_3PO_4, PbO_2, $NaNO_3$, H_2SO_4.
Begründen Sie Ihre Angaben anhand der Stellung der Elemente im Periodensystem der Elemente.

33. Zeichnen Sie Valenzstrichformeln der Moleküle von Essigsäure, 1,1-Dichlorethen und Wasserstoffperoxid und erläutern Sie daran, wie man Oxidationszahlen anhand solcher Formeln ermittelt.

34. Formulieren Sie Reaktionsgleichungen für die folgenden Reaktionen und zeigen Sie anhand der Oxidationszahlen, dass es sich um Redoxreaktionen handelt.
   a Kupfer(I)-oxid reagiert mit Kohlenstoff, wobei unter anderem Kupfer entsteht.
   b Silbernitrat zerfällt beim Erhitzen unter Bildung von Silberoxid, Stickstoffdioxid und Sauerstoff.
   c Ethanol verbrennt in Gegenwart von Sauerstoff unter Bildung von Kohlenstoffdioxid und Wasser.

35. Prüfen Sie, ob folgende Reaktionen zu den Redoxreaktionen gehören und stellen Sie diese Reaktionsgleichungen richtig:
   a $CuS + O_2 \longrightarrow CuO + SO_2$
   b $NaCl + H_2SO_4 \longrightarrow Na_2SO_4 + HCl$
   c $HI + H_2SO_4 \longrightarrow H_2S + I_2 + H_2O$

36. Unter Verwendung der Metalle Silber und Nickel soll ein galvanisches Element aufgebaut werden, dessen Spannung Sie anschließend messen wollen. Stellen Sie eine Liste der für dieses Experiment benötigten Geräte und Chemikalien zusammen.
Fertigen Sie eine Skizze dieses galvanischen Elements an und berechnen Sie die Spannung.

37. In der Tabelle der Standardpotenziale wird für das Gleichgewicht

$$4\,H_2O + Mn^{2+}(aq) \rightleftharpoons MnO_4^-(aq) + 8\,H^+(aq) + 5\,e^-$$

das Standardpotenzial $E^0 = 1{,}51$ V angegeben. Beschreiben Sie ein Experiment zur Bestimmung dieses wissenschaftlichen Werts und fertigen Sie dazu eine Skizze an.

38. Im Labor kann man das farblose Gas Stickstoffmonooxid durch Reaktion von Salpetersäure mit Kupfer herstellen, wobei eine blau gefärbte Lösung entsteht.

Formulieren Sie eine Reaktionsgleichung und zeigen Sie, dass es sich dabei um eine Redoxreaktion handelt.

39. Zur Unterscheidung der ähnlich aussehenden Metalle Platin und Silber kann Salpetersäure verwendet werden. Dazu zieht man auf einem schwarzen Schieferstein jeweils einen Strich mit den Metallen und gibt dann einen Tropfen Salpetersäure hinzu.
Beschreiben Sie die Beobachtungen bei diesem Experiment.
Begründen Sie das Verhalten der beiden Metalle gegenüber der Salpetersäure und formulieren Sie ggf. Reaktionsgleichungen.

40. Durch Braunstein (Mangandioxid, MnO_2) verunreinigte Laborgeräte lassen sich einfach dadurch reinigen, dass man sie mit einer Lösung von Schwefeldioxid in Wasser versetzt, die vorher durch Zugabe von etwas Schwefelsäure auf einen pH-Wert von 0 gebracht worden ist.
Begründen Sie und stellen Sie die Teilgleichungen sowie die Gesamtgleichung für den ablaufenden Redoxvorgang auf.

41. Bei der Elektrolyse von Salzsäure der Stoffmengenkonzentration c_0(Säure) $= 1\ mol \cdot L^{-1}$ an Platin-Elektroden wurde die im Folgenden gezeigte Strom-Spannungskurve aufgenommen. Bei diesem Experiment beobachtete man an der Kathode die Entwicklung eines farblosen Gases, an der Anode entstand ein erstickend riechendes Gas.
Formulieren Sie Reaktionsgleichungen für die an beiden Elektroden ablaufenden Vorgänge.
Bestimmen Sie die Zersetzungsspannung aus der Grafik und vergleichen Sie sie mit dem von Ihnen berechneten Wert.

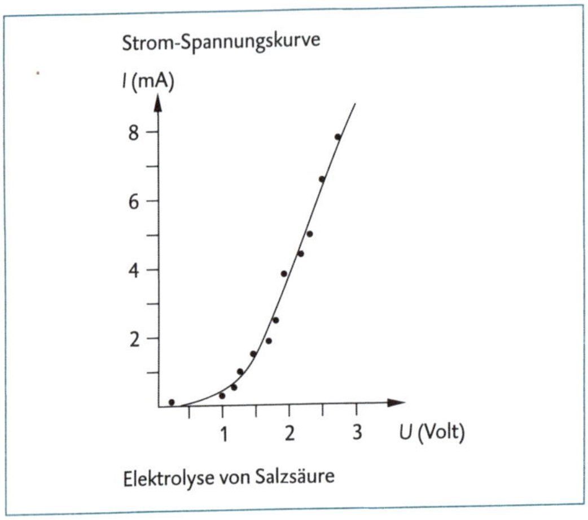

Abb. 54: Grafik zu Aufgabe 41

42. Wie groß muss die Überspannung von Sauerstoff an einer Kohle-Elektrode mindestens sein, damit bei der Elektrolyse einer Natriumchlorid-Lösung am Pluspol Chlor und nicht Sauerstoff entsteht?
Nehmen Sie dabei folgende Daten an: $c(Cl^-) = 1\ mol \cdot L^{-1}$, pH = 7, Überspannung $\eta(Cl_2) = +0{,}5\ V$.

43. An einer alten Gleichspannungsquelle für das Schülerpraktikum, bestehend aus einem Transformator mit Gleichrichter und einer Spannung von 6 V, sollen die nicht mehr deutlich sichtbaren Beschriftungen der Pole neu markiert werden. Um zu testen, wo Plus- und Minuspol des Geräts sind, können Sie ein einfaches Experiment einsetzen: Sie befeuchten ein Stück Filterpapier mit einigen Tropfen Kaliumiodid-Lösung, der Sie etwas Stärke-Lösung zugesetzt haben. Dann drücken Sie zwei an die Stromquelle angeschlossene Kabel mit den Enden in einem Abstand von einigen Millimetern auf das Papier.
Beschreiben und erklären Sie Ihre Beobachtungen.

44. Metallgegenstände aus Eisen werden oft mit einem glänzenden Überzug aus Nickel versehen. Benötigt werden dazu eine Gleichspannungsquelle, Nickelsulfat-Lösung als Elektrolyt und ein Stab oder ein Blech aus reinem Nickel.
Beschreiben Sie die Versuchsanordnung genau und formulieren Sie Reaktionsgleichungen für die Elektrodenvorgänge.
Berechnen Sie die zur Abscheidung von 100 mg Nickel benötigte Zeit, wenn die Stromstärke $I = 1$ A beträgt.
(*Hinweis:* Für die Abscheidung von 1 mol Nickel wird die elektrische Ladung $Q = 2 \cdot 96\,500\ A \cdot s$ benötigt).

45. Durch Akkumulatoren betriebene kleine Elektrowerkzeuge sind weit verbreitet. Zum Einsatz kommen dabei häufig noch die Nickel-Cadmium-Akkumulatoren. Als Elektrolyt dient Kaliumhydroxid-Lösung, die Spannung beträgt 1,3 V.
An den Elektrodenoberflächen befinden sich folgende Stoffe:

	Pol A	Pol B
Akku geladen	Cadmium Cd	Nickeloxid-Hydroxid NiO(OH)
Akku entladen	Cadmiumhydroxid $Cd(OH)_2$	Nickelhydroxid $Ni(OH)_2$

a Geben Sie an, welche Elektrode der Pluspol und welche Elektrode der Minuspol ist.
Formulieren Sie Reaktionsgleichungen für die beim Laden und Entladen ablaufenden Vorgänge.

b Wie ändert sich die Stoffmengenkonzentration der Elektrolytlösung beim Laden und Entladen?

c Wegen der hohen Giftigkeit des Cadmiums verdrängen NiMH-Akkumulatoren[42] nach und nach die Nickel-Cadmium-Akkumulatoren. Statt der Cadmium-Elektrode verfügen Sie über eine Elektrode, die neben Nickel auch Lanthan und andere Metalle aus der Gruppe der Lanthanoide enthält. Diese stellen einen hervorragenden Speicher für elementaren Wasserstoff dar.
Schlagen Sie Reaktionsgleichungen für die beim Entladen und Laden dieses Akkumulators ablaufenden Reaktionen vor.

46. Für kleine Elektrofahrzeuge wurde der Natrium-Schwefel-Akkumulator entwickelt. Als Elektroden werden flüssiges Natrium und flüssiger Schwefel verwendet. Die Betriebstemperatur beträgt etwa 300 °C. Plus- und Minuspol sind durch einen speziellen Festkörperelektrolyten getrennt. Dabei handelt es sich um ein für Natrium-Ionen durchlässiges, nach einem besonderen Verfahren hergestelltes Aluminiumoxid, dem Graphitpulver zugemischt wird.

a Skizzieren Sie den Aufbau dieses Akkumulators und geben Sie an, welche Elektrode Pluspol und welche Minuspol ist.

b Formulieren Sie Reaktionsgleichungen für die an den Elektroden beim Laden und beim Entladen ablaufenden Vorgänge.

c Nennen und begründen Sie einen Vorteil und einen Nachteil dieses Akkumulators gegenüber dem Bleiakkumulator.

47. Die in der Praxis eingesetzten Akkumulatoren stellen beträchtliche Anforderungen bezüglich der Reinheit der verwendeten Elektrodenmaterialien und Lösungen.
Der Bleiakkumulator eines Kraftfahrzeugs kann z. B. durch geringe Mengen von Verbindungen edlerer Metalle als Blei unbrauchbar werden.
Begründen Sie diesen Sachverhalt und formulieren Sie dazu ggf. Reaktionsgleichungen.

42 NiMH-Akkumulatoren = Nickel-Metallhydrid-Akkumulatoren

Die folgenden Aufgaben erfordern die Anwendung der NERNST'schen Gleichung:

48. Ein DANIELL-Element soll durch Veränderung der Stoffmengenkonzentration der Lösungen auf eine Spannung von $U = 1{,}00$ V gebracht werden. Berechnen Sie die Stoffmengenkonzentrationen der beiden Lösungen, die Sie dafür vorschlagen können.

49. Die für Mikroorganismen sehr giftigen Kupfer(II)-Ionen können durch Zugabe von Zinkpulver aus wässrigen Lösungen entfernt werden. Dabei stellt sich das folgende Gleichgewicht ein:

$$Zn(s) + Cu^{2+}(aq) \rightleftharpoons Cu(s) + Zn^{2+}(aq)$$

Das Massenwirkungsgesetz für dieses besondere Gleichgewicht[43] lautet:

$$K = \frac{c(Zn^{2+})}{c(Cu^{2+})}$$

Berechnen Sie *K*.

(*Hinweis:* Bedenken Sie dabei, dass eine Redoxreaktion nur so lange abläuft, bis die Redoxpotenziale der beiden Redoxpaare gleich sind.)

43 Im Gegensatz zu den im ersten Kapitel dieses Buches beschriebenen homogenen Gleichgewichten (siehe S. 2 ff.), bei denen alle beteiligten Stoffe in der gleichen Phase, also z. B. als Gase vorliegen, handelt es sich hier um ein **heterogenes** Gleichgewicht. Für solche Gleichgewichte wird das Massenwirkungsgesetz anders formuliert.

Lösungen

1. a Die Aussage ist richtig.
   b Diese Aussage kann für bestimmte Reaktionen zutreffen, sie gilt aber nicht grundsätzlich.
   c Die Aussage ist falsch. Hin- und Rückreaktion laufen weiter ab, allerdings gleich schnell, sodass insgesamt gesehen kein Umsatz der Reaktionspartner zu beobachten ist.
   d Die Aussage ist richtig.

2. a **Gleichgewicht 1** ist eine endotherme Reaktion die ohne Volumenänderung abläuft. Daher hängt die Lage des Gleichgewichts nur von der Temperatur ab. Bei höherer Temperatur liegt dieses Gleichgewicht auf der rechten, bei niedrigerer Temperatur auf der linken Seite. Das Massenwirkungsgesetz auf dieses Gleichgewicht angewendet ergibt:

$$\frac{c^2(NO)}{c(N_2)\cdot c(O_2)} = K_c \quad \text{bzw.} \quad \frac{p^2(NO)}{p(N_2)\cdot p(O_2)} = K_p$$

Gleichgewicht 2 ist eine exotherme Reaktion, bei der das Volumen geringfügig zunimmt, weil aus 9 Molekülen 10 Moleküle entstehen und alle beteiligten Stoffe Gase sind. Dieses Gleichgewicht wird also bei höheren Temperaturen auf die Seite der Ausgangsstoffe, bei niedrigen Temperaturen auf der Seite der Produkte liegen. Druckerhöhung verschiebt das Gleichgewicht auf die linke, Erniedrigung des Drucks auf die rechte Seite:

$$\frac{c^4(NO)\cdot c^6(H_2O)}{c^4(NH_3)\cdot c^5(O_2)} = K_c \quad \text{bzw.} \quad \frac{p^4(NO)\cdot p^6(H_2O)}{p^4(NH_3)\cdot p^5(O_2)} = K_p$$

Gleichgewicht 3 ist eine exotherme Reaktion, bei der das Volumen abnimmt. Das Gleichgewicht liegt also bei hohen Temperaturen und niedrigen Drücken auf der Seite der Ausgangsstoffe, bei niedrigen Temperaturen und hohen Drücken auf Seite des Produkts:

$$\frac{c^2(SO_3)}{c^2(SO_2)\cdot c(O_2)} = K_c \quad \text{bzw.} \quad \frac{p^2(SO_3)}{p^2(SO_2)\cdot p(O_2)} = K_p$$

b Aus den Volumenanteilen der Gase Schwefeltrioxid, Sauerstoff und Schwefeldioxid lassen sich die Partialdrücke berechnen. Es gilt:

$$\varphi(SO_3) = 0{,}76 \cdot 1\,000\ \text{hPa} = 760\ \text{hPa}$$

Da die Summe der Partialdrücke aller Bestandteile der Gasmischung 1 000 hPa beträgt, gilt außerdem:

$$\varphi(SO_3) + \varphi(SO_2) + \varphi(O_2) = 1\,000\ \text{hPa}$$

und

$$\varphi(SO_2) + \varphi(O_2) = 1\,000\ \text{hPa} - 760\ \text{hPa} = 240\ \text{hPa}$$

Laut Aufgabentext wurden die Gase Schwefeldioxid und Sauerstoff im Volumenverhältnis 2 : 1 eingesetzt und ihre Partialdrücke ergeben sich zu

$$\varphi(SO_2) = \frac{2}{3} \cdot 240\ \text{hPa} = 160\ \text{hPa}$$

$$\varphi(O_2) = \frac{1}{3} \cdot 240\ \text{hPa} = 80\ \text{hPa}$$

und die für Gleichgewichtskonstante ergibt sich:

$$K_p = \frac{p^2(SO_3)}{p^2(SO_2) \cdot p(O_2)} = \frac{(760\ \text{hPa})^2}{(160\ \text{hPa})^2 \cdot 80\ \text{hPa}} = 0{,}28\ \text{hPa}^{-1}$$

Die Gleichgewichtskonstante beträgt: $K_p = 0{,}28\ \text{hPa}^{-1}$

3. Die Reaktionsgleichung der Veresterung lautet:

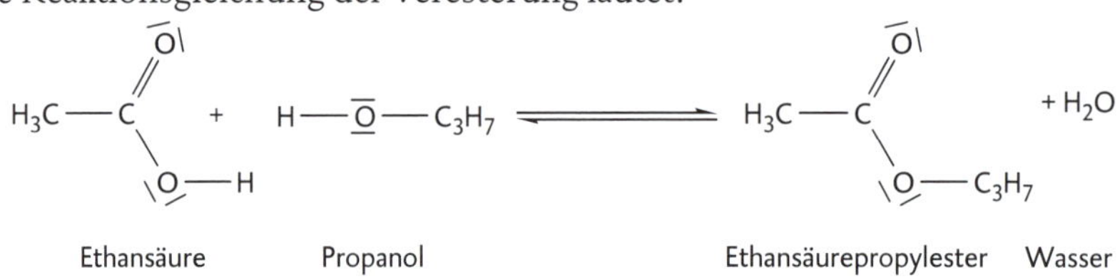

Die Konzentrationsberechnung erfolgt mit dem Massenwirkungsgesetz:

$$K_c = \frac{c(\text{Ethansäurepropylester}) \cdot c(\text{Wasser})}{c(\text{Ethansäure}) \cdot c(\text{Propanol})} = 4$$

Die Teilchen reagieren der Gleichung entsprechend im Verhältnis 1 : 1 miteinander. Daher gilt für die Konzentration im Gleichgewicht:

$c(\text{Ester}) = c(\text{Wasser}) = x$

$c(\text{Säure}) = c_0(\text{Säure}) - x = 5\ \text{mol} \cdot \text{L}^{-1} - x$

$c(\text{Alkohol}) = c_0(\text{Alkohol}) - x = 5\ \text{mol} \cdot \text{L}^{-1} - x$

Eingesetzt in das Massenwirkungsgesetzt erhält man:

$$K_c = \frac{x^2}{(5\,\text{mol}\cdot\text{L}^{-1} - x)\cdot(5\,\text{mol}\cdot\text{L}^{-1} - x)} = 4$$

$$4 = \frac{x^2}{x^2 - x\cdot(10\,\text{mol}\cdot\text{L}^{-1}) + 25\,\text{mol}^2\cdot\text{L}^{-2}}$$

$$3\,x^2 - x\cdot 40\,\text{mol}\cdot\text{L}^{-1} + 100\,\text{mol}^2\cdot\text{L}^{-2} = 0$$

Die Lösungen der quadratischen Gleichung lauten:

$$x_1 = 10\,\text{mol}\cdot\text{L}^{-1}$$

$$x_2 = 3\tfrac{1}{3}\,\text{mol}\cdot\text{L}^{-1}$$

Nur x_2 ist ein realistischer Wert, da in der Aufgabenstellung eine Ausgangskonzentration von $5\,\text{mol}\cdot\text{L}^{-1}$ angegeben wurde.
Damit ergeben sich folgende Gleichgewichtskonzentrationen:

$c(\text{Ester}) = c(\text{Wasser}) = x = 3\tfrac{1}{3}\,\text{mol}\cdot\text{L}^{-1}$

$c(\text{Säure}) = c(\text{Alkohol}) = 5\,\text{mol}\cdot\text{L}^{-1} - x = 1\tfrac{2}{3}\,\text{mol}\cdot\text{L}^{-1}$

4. a Veresterung:

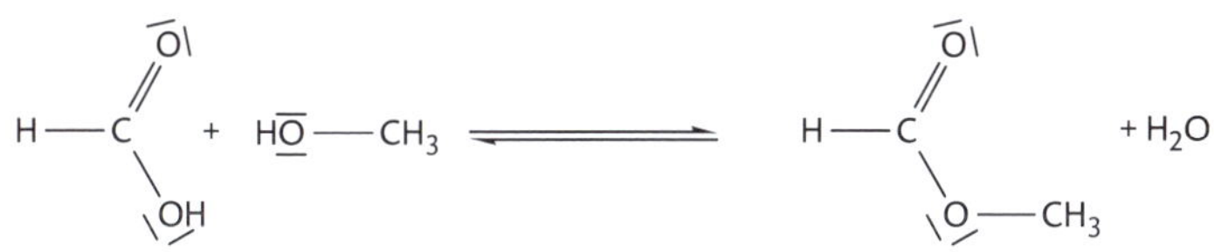

Neutralisation:

$HCOOH\,(aq) + NaOH\,(aq) \rightleftharpoons HCOONa\,(aq) + H_2O$

b Aus dem Verbrauch von 330 mL NaOH-Lösung mit der Stoffmengenkonzentration $c(\text{NaOH}) = 1\,\text{mol}\cdot\text{L}^{-1}$ lässt sich die Stoffmenge des verbrauchten Natriumhydroxids berechnen. Sie ist gleich der im Gleichgewicht noch vorhandenen Methansäure. Daraus ergeben sich die Stoffmengen aller Verbindungen nach Einstellung des Gleichgewichts.

$n(\text{NaOH}) = n(\text{Methansäure}) = n(\text{Methanol}) = 0{,}33\,\text{mol}$

$n(\text{Metansäuremethylester}) = n(\text{Wasser}) = 0{,}67\,\text{mol}$

Eingesetzt in das Massenwirkungsgesetz ergibt sich für *K*:

$$K = \frac{(0{,}67\,\text{mol})^2}{(0{,}33\,\text{mol})^2} = \frac{0{,}45}{0{,}11} = 4{,}12$$

5. a Die Farbe der Lösung wird intensiver rot. Die Begründung erfolgt mit dem Prinzip von LE CHÂTELIER: Die Erhöhung der Konzentration eines Ausgangsstoffes führt zur vermehrten Bildung des Endstoffs, also zur Gleichgewichtsverschiebung nach rechts.

   b Die Bildung von Anthracenpiktrat (AP) ist eine exotherme Reaktion. Nach dem Prinzip von LE CHÂTELIER führt eine Temperatursenkung dazu, dass die exotherme Reaktion begünstigt wird. Das ist in diesem Fall die Bildung von Anthracenpiktrat.

   c In beiden Fällen kommt es zu einer Farbaufhellung
   - Lösung II: Verdünnung führt zur Farbaufhellung, weil die farbgebenden Moleküle sich in einem größeren Raum verteilen.
   - Lösung I: Störung des Gleichgewichts durch Konzentrationsänderung. Verringerung aller Konzentrationen führt nach dem Prinzip von LE CHÂTELIER zur Gleichgewichtsverschiebung in Richtung der Ausgangsstoffe. Dadurch hellt sich die Farbe stärker auf als bei einer bloßen Verdünnung. Schließlich färbt sich die Lösung sogar orange. Das ist die Mischfarbe aus rot und gelb.

6. a Reaktionsgleichung:

$$N_2(g) + 3\,H_2(g) \rightleftharpoons 2\,NH_3(g)$$

Das Massenwirkungsgesetz lautet:

$$\frac{p^2(NH_3)}{p(N_2)\cdot p^3(H_2)} = K_p$$

Die Bildung von Ammoniak aus Stickstoff und Wasserstoff ist eine exotherme Reaktion, bei der das Volumen abnimmt.
(*Hinweis:* Nach dem Avogadro-Gesetz benötigen ein Stickstoff- und drei Wasserstoff-Moleküle ein doppelt so großes Volumen wie zwei Ammoniak-Moleküle.)
Nach dem LE CHÂTELIER-Prinzip begünstigen niedrige Temperatur und hoher Druck die Bildung von Ammoniak. Was die Lage des Gleichgewichtes angeht, sind diese Bedingungen demnach optimal. Allerdings ist bei niedriger Temperatur die Reaktionsgeschwindigkeit außerordentlich gering. Eine starke Temperaturerhöhung kommt wegen der ungünstig werdenden Gleichgewichtslage nicht in Frage. Das Problem wurde von HABER durch den Einsatz eines Katalysators (heute Eisen mit kleinen Mengen Aluminiumoxid) und der Wahl mittlerer Bedingungen ($p \approx 200$ bar, $\vartheta \approx 500\ ^\circ C$) gelöst. Das technische Problem bestand ursprünglich in der Verwendung kohlenstoffhaltiger Stahlsorten, die

durch die Bildung von Methan aus dem Wasserstoff des Reaktionsgemischs ihre Festigkeit verloren, sodass die Reaktionsöfen explodierten. BOSCH löste das Problem seinerzeit durch die Verwendung eines mehrschichtigen Reaktors mit Bohrungen im lasttragenden Außenmantel.

b Die vereinfachte Reaktionsgleichung für die Herstellung des Düngemittels Ammoniumnitrat lautet:

$$NH_3(g) + HNO_3(aq) \longrightarrow NH_4NO_3(aq)$$

7. $H^+(aq) + OH^-(aq) \longrightarrow H_2O(l)$

$H^+(aq)$	$OH^-(aq)$	$H_2O(l)$	
0	–229,95	–285,85	ΔH_B^0 in $kJ \cdot mol^{-1}$

Für einen Formelumsatz ergibt sich dann: $\Delta H = -55{,}9\ kJ$ und für $n(H^+) = n(OH^-) = 0{,}1\ mol$: $\Delta H = -5{,}59\ kJ$. Die an die Endstoffe abgegebene Wärme beträgt $Q = 5{,}59\ kJ$. Der Zusammenhang zwischen Temperaturerhöhung ΔT, Volumen der Lösung V, volumenbezogener Wärmekapazität C und der bei der Reaktion abgegebenen Wärme Q lautet:

$$Q = \Delta T \cdot V \cdot C$$

Aufgelöst nach ΔT ergibt sich:

$$\Delta T = \frac{5590\ J}{200\ mL \cdot 4{,}2\ J \cdot K^{-1} \cdot mL^{-1}} = 6{,}7\ K$$

Bei der Neutralisation beobachtet man eine Temperaturerhöhung um 6,7 K.

8. Zur Lösung der Aufgaben benötigt man die beiden Formulierungen des Energieerhaltungssatzes:

$\Delta U = W + Q$ (gilt unabhängig davon, ob der Druck konstant oder nicht konstant ist)

$\Delta H - Q$ (gilt für konstanten Druck)

Volumenarbeit W wird nur verrichtet, wenn sich bei einer Reaktion das Volumen ändert.

a $CH_4(g) + 2\ O_2(g) \longrightarrow CO_2(g) + 2\ H_2O(g)$

Da sich bei dieser Reaktion das Volumen nicht ändert, wird keine Volumenarbeit verrichtet und es gilt $\Delta U = \Delta H$.

b An dieser Reaktion sind nur Feststoffe beteiligt. Auch hier gilt $\Delta U = \Delta H$. (*Hinweis:* Das ggf. noch flüssig vorliegende Eisen hat ein nur unwesentlich größeres Volumen als festes Eisen. Daher gilt auch für diesen Fall $\Delta V = 0$.)

c $2\ NO(g) + O_2(g) \longrightarrow 2\ NO_2(g)$

Hier kommt es zu einer deutlichen Verringerung des Volumens. W ist daher nicht gleich Null und ΔU und ΔH unterscheiden sich um diese Volumenarbeit.

9. Die frei werdende Wärme bewirkt die Temperaturerhöhung der Produkte. Aus 1 mol Ethan entstehen 5 mol Kohlenstoffdioxid und Wasserdampf, aus 1 mol Ethin jedoch nur 3 mol Kohlenstoffdioxid und Wasserdampf. Die beim Verbrennen von Ethin geringfügig kleinere Reaktionswärme muss deutlich weniger Abgase erwärmen, deren Temperatur daher viel stärker ansteigt.

10. Saccharose hat die Summenformel $C_{12}H_{22}O_{11}$ und daher die molare Masse $M = 342\ \text{g} \cdot \text{mol}^{-1}$. Die Reaktionsenthalpie bei der Oxidation von 1 mol Saccharose beträgt demnach: $\Delta H = 342 \cdot (-16{,}5\ \text{kJ}) = -5\,643\ \text{kJ}$
Ist die Reaktionsenthalpie bekannt, kann eine unbekannte Bildungsenthalpie berechnet werden[44]:

$$C_{12}H_{22}O_{11}\,(s) + 12\,O_2\,(g) \longrightarrow 12\,CO_2\,(g) + 11\,H_2O\,(l)$$

$C_{12}H_{22}O_{11}$ (s)	O_2 (g)	CO_2 (g)	H_2O (l)	
x	0	–393,5	–285,85	ΔH^0_B in $\text{kJ} \cdot \text{mol}^{-1}$

$$-5643\ \text{KJ} = 11\,\text{mol} \cdot (-285{,}85\ \text{kJ} \cdot \text{mol}^{-1}) + 12\,\text{mol} \cdot (-393{,}5\ \text{kJ} \cdot \text{mol}^{-1}) - 1\,\text{mol} \cdot x$$

Aufgelöst nach x ergibt sich:

$$x = -3\,144{,}4\ \text{kJ} - 4\,722\ \text{kJ} + 5\,643\ \text{kJ} = -2\,223\ \text{kJ}$$

Die molare Standard-Bildungsenthalpie für Saccharose beträgt:

$$\Delta H^0_B\,(\text{Saccharose}) = -2\,223\ \text{kJ} \cdot \text{mol}^{-1}$$

11. Die Wärmezufuhr bewirkt eine Temperaturerhöhung und nach dem 1. Hauptsatz damit auch eine entsprechende Zunahme der Enthalpie. Das erklärt das Ansteigen der Kurven zwischen den beiden auffallenden senkrechten Abschnitten. Bei 0 °C schmilzt Eis. Die ganze zugeführte Wärme wird für den Schmelzvorgang benötigt und die Temperatur bleibt dabei konstant. Erst wenn alles Eis geschmolzen ist, steigen sowohl Enthalpie als auch Temperatur weiter an. Entsprechendes gilt für den Verdampfungsvorgang bei 100 °C. Man erkennt auch, dass die Verdampfung der Wasserportion viel mehr Wärme benötigt als der Schmelzvorgang.

12. Die Reaktionsgleichung für die Verbrennung von Ethanol in einem Kfz-Motor lautet:

$$C_2H_5OH\,(l) + 3\,O_2\,(g) \longrightarrow 2\,CO_2\,(g) + 3\,H_2O\,(g)$$

C_2H_5OH (l)	O_2 (g)	CO_2 (g)	H_2O (g)	
–277,6	0	–393,5	–241,8	ΔH^0_B in $\text{kJ} \cdot \text{mol}^{-1}$

44 Die verhältnismäßig leicht messbaren Verbrennungsenthalpien sind die wichtigste Quelle bei der Bestimmung von Standard-Bildungsenthalpien organischer Stoffe.

Für $n = 1$ mol Ethanol, das sind $m = 46$ g, ergibt sich:

$$\Delta H = 3\ \text{mol} \cdot (-241{,}8\ \text{kJ} \cdot \text{mol}^{-1}) + 2\ \text{mol} \cdot (-393{,}5\ \text{kJ} \cdot \text{mol}^{-1}) - 1\ \text{mol} \cdot (-277{,}6\ \text{kJ} \cdot \text{mol}^{-1})$$
$$= -1\,234\ \text{kJ}$$

Für die Verbrennung von 790 g Ethanol muss dieser Wert durch 46 g dividiert und zuletzt mit 790 g multipliziert werden. Das Ergebnis lautet:

$$\Delta H \approx -21\,200\ \text{kJ}$$

Die Reaktionsenthalpie für die Verbrennung von 1 L Ethanol beträgt $\Delta H = -21\,200$ kJ. Damit liegt sie deutlich unter der bei der Verbrennung von 1 L Benzin freigesetzten Wärme, was den erhöhten Treibstoffverbrauch erklärt.
Grundsätzlich kann man nicht behaupten, dass „*Ethanol weniger energiereich als Benzin*" ist. Aussagen über Energieunterschiede bedürfen einer genauen Angabe von Ausgangs- und Endzustand sowie der Masse der umgesetzten Stoffportionen. Eine direkte Synthese von Ethanol aus Benzin ist ohne Beteiligung anderer Stoffe jedoch unmöglich.

13. a $N_2(g) + 3\ H_2(g) \longrightarrow 2\ NH_3(g)$

191,5	130,6	192,5	ΔS^0_m in $kJ \cdot mol^{-1}$

Bei diesem Vorgang verringert sich die Anzahl der Teilchen und gleichzeitig wird das Volumen kleiner. Er ist daher mit einer Abnahme der Entropie verbunden. Die Berechnung liefert für einen Formelumsatz:

$$\Delta S = 2\ \text{mol} \cdot 192{,}5\ \text{J} \cdot \text{K}^{-1} \cdot \text{mol}^{-1} - (1\ \text{mol} \cdot 191{,}5\ \text{J} \cdot \text{K}^{-1} \cdot \text{mol}^{-1} + 3\ \text{mol} \cdot 130{,}6\ \text{J} \cdot \text{K}^{-1} \cdot \text{mol}^{-1})$$
$$= -198\ \text{J} \cdot \text{K}^{-1}$$

b Die Reaktionsgleichung lautet:

$$C_6H_{12}O_6(s) \longrightarrow 6\ C(s) + 6\ H_2O(g)$$

Da aus dem Feststoff Glucose der Feststoff Kohlenstoff entsteht, ist von dieser Seite her kein erheblicher Einfluss auf die Entropieänderung zu erwarten. Der entstehende Wasserdampf besitzt jedoch wegen der hohen Wahrscheinlichkeit des gasförmigen Zustandes eine große Entropie. Der Vorgang ist demnach mit einer Entropiezunahme verbunden.

c Bei der Bildung der Eisblumen handelt es sich um eine Resublimation. Wasserdampf geht unter Überspringen des flüssigen Aggregatzustandes direkt in Eis über, in dem die Moleküle sehr regelmäßig angeordnet sind, was einem wenig wahrscheinlichen Zustand entspricht. Die Entropie nimmt daher bei diesem Vorgang ab.

d Die Reaktionsgleichung lautet:

$Ag^+ (aq)$ + $Cl^- (ag)$	⟶	$AgCl (s)$	
73,9 55,2		96,1	ΔS_m^0 in $kJ \cdot mol^{-1}$

Berechnung der Entropieänderung:

$$\Delta S = 1\,mol \cdot 96{,}1\,J \cdot K^{-1} \cdot mol^{-1} - (1\,mol \cdot 73{,}9\,J \cdot K^{-1} \cdot mol^{-1} + 1\,mol \cdot 55{,}2\,J \cdot K^{-1} \cdot mol^{-1}) = -33\,J \cdot K^{-1}$$

Die Entropie nimmt bei diesem Vorgang ab, weil das feste Silberchlorid in einem Ionengitter vorliegt, das im Gegensatz zu den frei beweglichen Ionen in der Lösung einen weniger wahrscheinlichen Zustand der Anordnung der Teilchen darstellt.

14. Zur Beantwortung stellt man fest, ob der Zerfallsvorgang exergonisch ist. Ist dies der Fall, könnte die Verbindung zwar noch metastabil sein, würde aber doch nach und nach zerfallen.

$2\,N_2O (g)$	⟶	$2\,N_2 (g)$ +	$O_2 (g)$	
81,6		0	0	ΔH_B^0 in $kJ \cdot mol^{-1}$
219,99		191,5	205,0	ΔS_m^0 in $kJ \cdot mol^{-1}$

Daraus ergibt sich mit dem bereits mehrmals gezeigten Verfahren für einen Formelumsatz:

$$\Delta H = -163{,}2\,kJ \text{ und } \Delta S = 148{,}02\,J \cdot K^{-1}$$

Bei $T = 298$ K beträgt die freie Reaktionsenthalpie:

$$\Delta G = \Delta H - T \cdot \Delta S = -207\,kJ$$

Die Zerfallsreaktion ist demnach exergonisch und läuft ab (allerdings nur langsam).

15.

a	H_3PO_4	+ NH_3	⟶	$H_2PO_4^-$	+ NH_4^+
b	H_2SO_4	+ OH^-	⟶	HSO_4^-	+ H_2O
c	CH_3COOH	+ NH_3	⟶	CH_3COO^-	+ NH_4^+
d	H_2S	+ CH_3COO^-	⟶	HS^-	+ CH_3COOH

16.

Säure	Base
H_3PO_4	$H_2PO_4^-$
NH_4^+	NH_3
H_2SO_4	HSO_4^-
H_2O	OH^-
CH_3COOH	CH_3COO^-
H_2S	HS^-

17.

$$H_2SO_4 + H_2O \longrightarrow HSO_4^- + H_3O^+$$
$$NH_3 + H_2O \longrightarrow NH_4^+ + OH^-$$
$$H_2CO_3 + H_2O \longrightarrow HCO_3^- + H_3O^+$$
$$HCO_3^- + H_2O \longrightarrow H_2CO_3 + OH^-$$
$$H_3PO_4 + H_2O \longrightarrow H_2PO_4^- + H_3O^+$$
$$CH_3COOH + H_2O \longrightarrow CH_3COO^- + H_3O^+$$
$$HNO_3 + H_2O \longrightarrow NO_3^- + H_3O^+$$

Ampholyte sind die HCO_3^- -Ionen. Sie erscheinen in den formulierten Gleichungen sowohl als Base als auch als Säure.

18. Autoprotolyse des Ammoniaks:

$$NH_3 + NH_3 \rightleftharpoons NH_2^- + NH_4^+$$

$$K = \frac{c(NH_2^-) \cdot c(NH_4^+)}{c^2(NH_3)}$$

Entsprechend der Überlegungen zum Ionenprodukt des Wassers gilt in diesem Fall:

$$K_W = c(NH_4^+) \cdot c(NH_2^-)$$

weil $c(NH_3)$ als Konstante betrachtet werden kann.

Da

$$c(NH_2^-) = c(NH_4^+)$$

gilt:

$$c(NH_4^+) = c(NH_2^-) = \sqrt{10^{-22}\ mol^2 \cdot L^{-2}} = 10^{-11}\ mol \cdot L^{-1}$$

19.

$$c_0(HCl) = c(H_3O^+) = 0{,}001\ mol \cdot L^{-1}$$
$$pH = -\log(0{,}001)$$
$$pH = 3$$

20. Für Metallhydroxid-Lösungen gilt:

$$c(OH^-) = \eta \cdot c(Me(OH)_\eta)$$
$$= 2 \cdot 6{,}5 \cdot 10^{-5}\ mol \cdot L^{-1}$$
$$pOH = -\lg\{c(OH^-)\} = 3{,}9$$
$$= 3{,}9$$
$$pH = 14 - pOH = 10{,}1$$

21. $HClO_4$ ist eine sehr starke Säure.

$c(H_3O^+) = c_0(HClO_4)$

$c(H_3O^+) = 0{,}3\ mol \cdot L^{-1}$

$pH = -lg\,0{,}3 = 0{,}5$

22. OH^--Ionen sind sehr starke Basen.

$c(OH^-) = c_0(NaOH) = 0{,}5\ mol \cdot L^{-1}$

$pOH = -\log 0{,}5 = 0{,}3$

$pH = 14 - 0{,}3 = 13{,}7$

23. Berechnung der Konzentration $c_0(CH_3COOH)$:
In 1 000 g Speiseessig sind 50 g Essigsäure enthalten.
Mit M(Essig) = 60 g · mol^{-1} ergibt sich:

$$c_0\,(CH_3COOH) = \frac{m(CH_3COO^-)}{M(CH_3COOH) \cdot V} = \frac{5\,g}{60\,g \cdot mol^{-1} \cdot 0{,}1L} = 0{,}833\,mol \cdot L^{-1}$$

Da Essigsäure eine schwache Säure ist, gilt:

$$c(H_3O^+) = \sqrt{K_S \cdot c_0} = \sqrt{10^{-4{,}76}\,mol \cdot L^{-1} \cdot 0{,}833\,mol \cdot L^{-1}} = 3{,}8 \cdot 10^{-3}\,mol \cdot L^{-1}$$

$pH = 2{,}4$

24. $c(OH^-) = 2 \cdot c_0(Ca(OH)_2) = 2 \cdot 0{,}01\ mol \cdot L^{-1}$

$pOH = -lg\,\{c(OH^-)\} = -lg\,0{,}02 = 1{,}7$

$pH\ = 14 - pOH = 12{,}3$

25. a $CH_3COOH + NH_3 \rightleftharpoons CH_3COO^- + NH_4^+$

4,76 — 9,24 — pK_S

Da auf der rechten Seite die schwächere Säure (NH_4^+) steht, liegt das Gleichgewicht auf dieser Seite.

$$K = \frac{K(SI)}{K(SII)} = \frac{10^{-4{,}76}\,mol \cdot L^{-1}}{10^{-9{,}24}\,mol \cdot L^{-1}} = 10^{4{,}48}$$

b $H_2S + CO_3^{2-} \rightleftharpoons HS^- + HCO_3^-$

7,06 — 10,4 — pK_S

Auch hier steht die schwächere Säure auf der rechten Seite. Das Gleichgewicht liegt daher rechts.
(*Hinweis:* Beachten Sie, dass das Hydrogencarbonat-Ion die Säure II ist!)

$$K = \frac{K(SI)}{K(SII)} = \frac{10^{-7{,}06}\,mol \cdot L^{-1}}{10^{-10{,}4}\,mol \cdot L^{-1}} = 10^{3{,}34}$$

26. Der Umschlagsbereich des Indikators Phenolphthalein liegt zwischen pH = 8,4 und 10,4. Demnach beträgt der pH-Wert der Lösung mindestens 8,4.

27. Ammoniumsulfat-Lösung enthält die Ionen NH_4^+- und SO_4^{2-}. Da die Ammonium-Ionen schwach sauer ($pK_S(NH_4^+) = 9{,}24$) und Sulfat-Ionen sehr schwach basisch reagieren, liegt der pH-Wert etwas unter 7.
Natriumcarbonat-Lösung enthält die basisch reagierenden CO_3^{2-}-Ionen. Diese Lösung reagiert alkalisch.
Brommethylblau wäre ein geeigneter Indikator zur Unterscheidung der beiden Lösungen.

28. Acetat-Ionen können mit Oxonium-Ionen reagieren:

$$CH_3COO^- + H_3O^+ \longrightarrow CH_3COOH + H_2O$$

Ammonium-Ionen reagieren mit Hydroxid-Ionen:

$$NH_4^+ + OH^- \longrightarrow NH_3 + H_2O$$

Daher besitzt die Lösung Pufferwirkung.

29. Für den pH-Wert dieser Pufferlösung mit Ammonium-Ionen als Säure und Ammoniak-Molekülen als Base gilt:

$$c(H_3O^+) = K_S \cdot \frac{c(NH_4^+)}{c(NH_3)}$$

Da

$$K_S = 10^{-9{,}24}\ mol \cdot L^{-1}$$

gilt für pH 9:

$$10^{-9}\ mol \cdot L^{-1} = 10^{-9{,}24}\ mol \cdot L^{-1} \cdot \frac{c(NH_4^+)}{c(NH_3)}$$

und

$$\frac{c(NH_3)}{c(NH_4^+)} = 0{,}58$$

Ammoniak und Ammoniumnitrat müssen daher im Stoffmengenverhältnis 0,58 : 1 eingesetzt werden:

$$c(NH_3) : c(NH_4NO_3) = 0{,}58 : 1$$

30. Zur eleganten Lösung des Problems formuliert man die Grundgleichung der Titration um, da $c \cdot V = n$ gilt:

$$n(CH_3COOH) = c_0(NaOH) \cdot V(\text{NaOH-Lösung})$$

mit

$$n(CH_3COOH) = \frac{m(CH_3COOH)}{M(CH_3COOH)}$$

Nach $m(CH_3COOH)$ aufgelöst ergibt sich:

$$m(CH_3COOH) = c_0(NaOH) \cdot V(\text{NaOH-Lösung}) \cdot M(CH_3COOH)$$
$$= 1\,mol \cdot L^{-1} \cdot 9{,}25 \cdot 10^{-3}\,L \cdot 60{,}1\,g \cdot mol^{-1}$$
$$= 0{,}556\,g$$

10 mL des Essigs enthalten demnach 0,556 g Säure, 1 Liter 55,6 g. Der selbst hergestellte Essig hat daher eine etwas zu hohe Konzentration und sollte noch ein wenig verdünnt werden.

31. *Analysenplan:* Da Ammoniak eine relativ schwache Base ist, verwendet man für die Titration eine starke Säure, z. B. Salzsäure. Wegen der trotz vorhergehender Verdünnung der gefährlichen Lösung durch den Lehrer zu erwartenden höheren Konzentration fordert man Salzsäure mit $c_0 = 1\ mol \cdot L^{-1}$ als Maßlösung an. Da der Äquivalenzpunkt im sauren Bereich liegt, wählt man Methylrot als Indikator oder entscheidet sich für die Aufnahme einer Titrationskurve. Dazu wird ein pH-Messgerät mit Glaselektrode benötigt. An Laborgeräten sind noch erforderlich: Vollpipette 10 mL, Bürette, Erlenmeyerkolben und Magnetrührer.

Auswertung:

Die Reaktionsgleichung lautet:

$$NH_3(aq) + HCl(aq) \longrightarrow NH_4Cl(aq)$$

Die Grundgleichung der Titration lautet:

$$c_0(NH_3) \cdot V(NH_3\text{-Lösung}) = c_0(HCl) \cdot V(\text{HCl-Lösung})$$

Diese Gleichung wird nach $c_0(NH_3)$ aufgelöst. Mit $V(NH_3\text{-Lösung}) = 1$ mL, $c_0(HCl) = 1{,}00\ mol \cdot L^{-1}$ und dem an der Bürette abgelesenen Verbrauch $V(\text{HCl-Lösung})$ ergibt sich:

$$c_0(NH_3) = \frac{c_0(HCl) \cdot V(\text{HCl-Lösung})}{V(NH_3\text{-Lösung})} = \frac{1{,}00\,mol \cdot L^{-1} \cdot V(\text{HCl-Lösung})}{1\,mL}$$

Hinweis: Als Volumen der titrierten Ammoniak-Lösung muss 1 mL eingesetzt werden, da die Lösung zunächst auf das 10-fache Volumen verdünnt worden ist. Davon sind 10 mL in den Erlenmeyerkolben gegeben worden.

Das zu erwartende Ergebnis liegt bei $c_0(NH_3) \approx 12{,}5\ mol \cdot L^{-1}$.

32. Die Hauptgruppennummer ist gleich der Anzahl der Valenzelektronen der Atome des Elements, sie legt also die maximale Anzahl der aufgenommenen bzw. abgegebenen Elektronen fest. Ob Elektronen aufgenommen oder abgegeben werden, hängt von der Elektronegativität ab. Diese nimmt im Periodensystem von links unten nach rechts oben zu.

$\overset{+I}{K}\overset{-I}{Cl}$

Kalium: I. Hauptgruppe, Chlor VII. Hauptgruppe. In dieser Ionenverbindung liegen K^+- und Cl^--Ionen vor.

$\overset{+I}{H_3}\overset{+V}{P}\overset{-II}{O_4}$

Wasserstoff steht in der I. Hauptgruppe. Jedes Atom bekäme bei einer Aufspaltung von Phosphorsäure-Molekülen in Ionen eine positive Ladung. Sauerstoff steht in der VI. Hauptgruppe, seine Oxidationszahl beträgt daher –II. Phosphor steht in der V. Hauptgruppe und bekommt die Oxidationszahl +V. Damit ergibt die Summe der Oxidationszahlen aller Atome in diesem Molekül Null.

$\overset{+IV}{Pb}\overset{-II}{O_2}$

Blei steht in der IV. Hauptgruppe und ist ein Metall, daher liegen in diesem Oxid vierfach positiv geladene Blei-Ionen mit der Oxidationszahl +IV vor. Sauerstoff erhält zwei negative Ladungen, da das Element in der VI. Hauptgruppe steht.

$\overset{+I}{Na}\overset{+V}{N}\overset{-II}{O_3}$

Natriumnitrat ist ein Salz und besitzt Ionen. Natrium steht in der I. Hauptgruppe und bildet einfach positiv geladene Ionen mit der Oxidationszahl +I. Nitrat-Ionen sind negativ geladen. Da Sauerstoff in der VI. Hauptgruppe steht, bekommt er die Oxidationszahl –II. Für das Stickstoff-Atom verbleiben, da Stickstoff in der V. Hauptgruppe steht, fünf positive Ladungen und seine Oxidationszahl ist +V.

$\overset{+I}{H_2}\overset{+VI}{S}\overset{-II}{O_4}$

Wasserstoff steht in der I. Hauptgruppe, Sauerstoff in der VI. und Schwefel ebenfalls in der VI. Hauptgruppe. Da Sauerstoff die größte Elektronegativität der drei in Schwefelsäure gebundenen Elemente besitzt, bekämen seine Atome bei einem Zerfall der Verbindung in Ionen je zwei Elektronen, also ist die Oxidationszahl –II, bei Wasserstoff +I und bei Schwefel +VI.

33. Valenzstrichformel von Essigsäure-Molekülen:

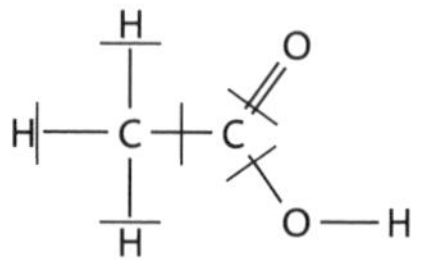

Die senkrecht zu den Valenzstrichen gezogenen Linien zeigen, wie die Bindungselektronen den einzelnen Atomen aufgrund ihrer Elektronegativitäten zugeordnet werden müssen. Daraus ergeben sich die Gewinne und Verluste an Ladung bei diesem gedachten Zerfall in Ionen.
Die Wasserstoffatome verlieren jeweils ein Bindungselektron und bekommen daher alle die OZ +I. Das Kohlenstoffatom der Methylgruppe erhält von den drei Wasserstoffatomen jeweils ein Elektron, seine OZ ergibt sich zu –III. Das Kohlenstoffatom der Carboxylgruppe verliert drei Elektronen an die beiden Sauerstoffatome und erhält die OZ +III. Die Sauerstoffatome sind die Gewinner bei diesem hypothetischen Kampf um die Elektronen. Sie erhalten beide die OZ –II.
Entsprechend wird bei den beiden anderen Molekülen verfahren:

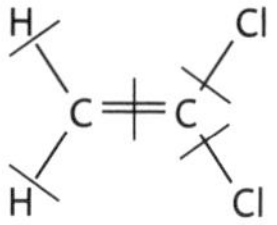

Beim 1,1-Dichlorethen bekommen die Wasserstoffatome die Oxidationszahl +I und die Chloratome –I, weil Wasserstoff eine geringere und Chlor eine größere Elektronegativität als Kohlenstoff besitzt. Daher erhält das in der Formel links gezeichnete Kohlenstoffatom auch die OZ –II und das andere die OZ +II. Die beiden Elektronenpaare zwischen den Kohlenstoffatomen werden unter den Atomen gleich verteilt.[45]

Wasserstoffperoxid:

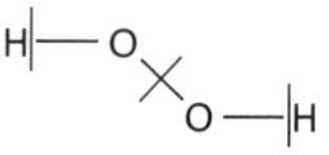

Das Problem lässt sich analog lösen. Wasserstoffatome erhalten die OZ +I, Sauerstoffatome in diesem Fall –I, weil in Wasserstoffperoxid-Molekülen eine Sauerstoff-Sauerstoff-Bindung vorliegt.

45 Es ist also nicht etwa so, dass sich die hohe Elektronegativität der benachbarten Cl-Atome auf eines der beiden Kohlenstoff-Atome auswirkt. Bei der Bestimmung der OZ wird rein schematisch vorgegangen und nur „der nächste Nachbar" zählt.

34. a

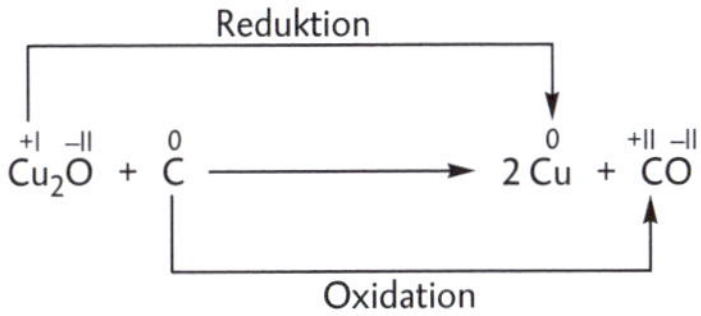

(Formulierung der Reaktionsgleichung mit Kohlenstoffdioxid als Reaktionsprodukt wäre auch zulässig.)

b

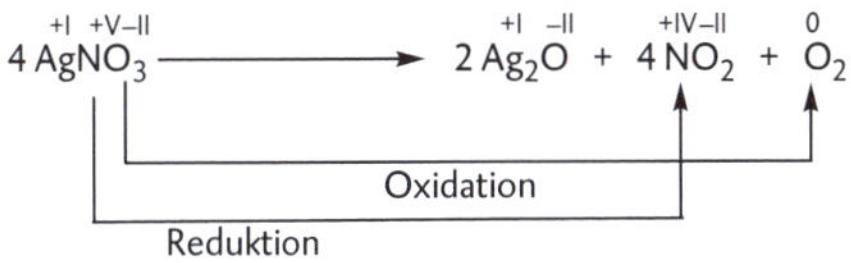

c

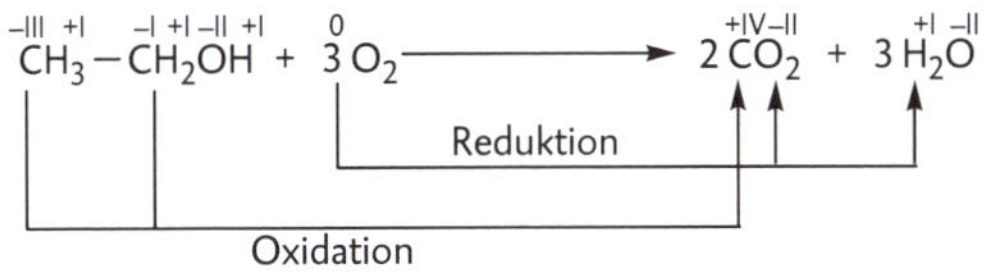

Hinweis: Beachten Sie, dass in diesem Fall zwei Kohlenstoffatome mit unterschiedlicher Oxidationsstufe oxidiert werden. Das hat zur Folge, dass ein Ethanol-Molekül, formal gesehen, insgesamt 12 Elektronen abgibt. Entsprechend groß ist die Anzahl der benötigten Sauerstoffatome.

35. a Es handelt sich um eine Redoxreaktion; die Oxidationszahlen sind:

$$\overset{+II\,-II}{CuS} + \overset{0}{O_2} \longrightarrow \overset{+II\,-II}{CuO} + \overset{+IV\,-II}{SO_2}$$

Daraus folgt, dass Schwefel oxidiert und Sauerstoff reduziert wurde. Die Anzahl der abgegebenen Elektronen beträgt pro Sulfid-Ion 6. Da die Oxidationszahl des Sauerstoffs um zwei abgenommen hat, kann ein Sulfid-Ion drei Sauerstoff-Atome reduzieren. Die Reaktionsgleichung lautet dann:

$$2\,CuS + 3\,O_2 \longrightarrow 2\,CuO + 2\,SO_2$$

b Da die Oxidationszahlen aller Atome bzw. Ionen gleich bleiben, handelt es sich hier nicht um eine Redoxreaktion.

$$2\,NaCl + H_2SO_4 \longrightarrow Na_2SO_4 + 2\,HCl$$

(*Hinweis:* Zur Begründung reicht auch die Feststellung aus, dass hier eine Säure-Base-Reaktion vorliegt.)

c Hier handelt es sich um eine Redoxreaktion:

$$\overset{+I\,-I}{HI} + \overset{+I\,+VI\,-II}{H_2SO_4} \longrightarrow \overset{+I\,-II}{H_2S} + \overset{0}{I_2} + \overset{+I\,-II}{H_2O}$$

Oxidiert wurde Iod, reduziert Schwefel. Aus der Anzahl der abgegebenen und aufgenommenen Elektronen ergibt sich die Reaktionsgleichung:

$$8\,HI + H_2SO_4 \longrightarrow H_2S + 4\,I_2 + 4\,H_2O$$

36. Benötigt werden folgende Geräte und Chemikalien: Glasgefäß mit Diaphragma, eine Silber- und eine Nickel-Elektrode, Experimentierkabel und Spannungsmessgerät, Lösung eines Nickel-Salzes, z. B. Nickelsulfat $NiSO_4$, mit $c(Ni^{2+}) = 1\ mol \cdot L^{-1}$ und Lösung eines Silber-Salzes, z. B. Silbernitrat $AgNO_3$, mit $c(Ag^+) = 1\ mol \cdot L^{-1}$.

$$U = E^0(Ag/Ag^+) - E^0(Ni/Ni^{2+}) = 0{,}80\ V - (-0{,}23\ V) = 1{,}03\ V$$

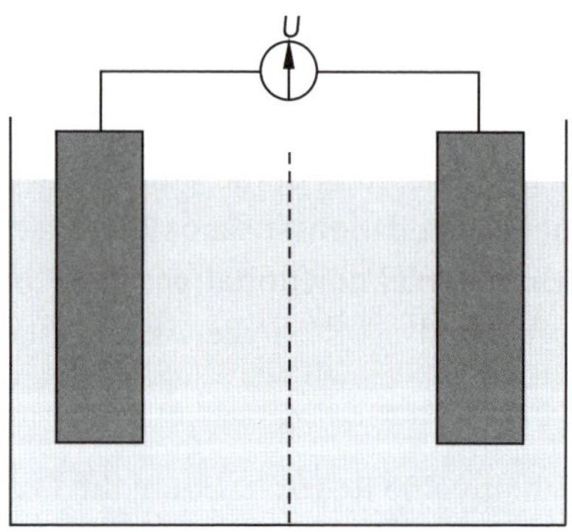

Abb. 55: Galvanisches Element mit einer Nickel- und einer Silber-Halbzelle

37. Zur Messung dieses Standardpotenzials wird eine Standard-Wasserstoffhalbzelle benötigt.[46] Sie besteht aus einem mit Wasserstoff umströmten platinierten Platinblech, das bei einer Temperatur von $T = 298\ K$ und einem Druck $p = 1\,000\ hPa$ in die Lösung einer Säure mit $c(H_3O^+) = 1\ mol \cdot L^{-1}$ taucht. Die zweite Halbzelle muss ebenfalls ein platiniertes Platinblech enthalten und außerdem Permanganat-, Mangan(II)- und Oxonium-Ionen mit folgenden Stoffmengenkonzentrationen:[47]

$$c(MnO_4^-) = c(Mn^{2+}) = c(H_3O^+) = 1\ mol \cdot L^{-1}$$

46 Geeignet wäre auch eine andere Vergleichselektrode mit genau bekanntem Potenzial, z. B. die im Text beschriebene Silber-Silberchlorid-Elektrode.

47 Entscheidet man sich aus praktischen Gründen für andere Konzentrationen, müssen die Messwerte auf $c = 1\ mol \cdot L^{-1}$ umgerechnet, also extrapoliert werden.

Unter den angegebenen Bedingungen zeigt das Messgerät eine Spannung von $U = 1{,}51$ V an.

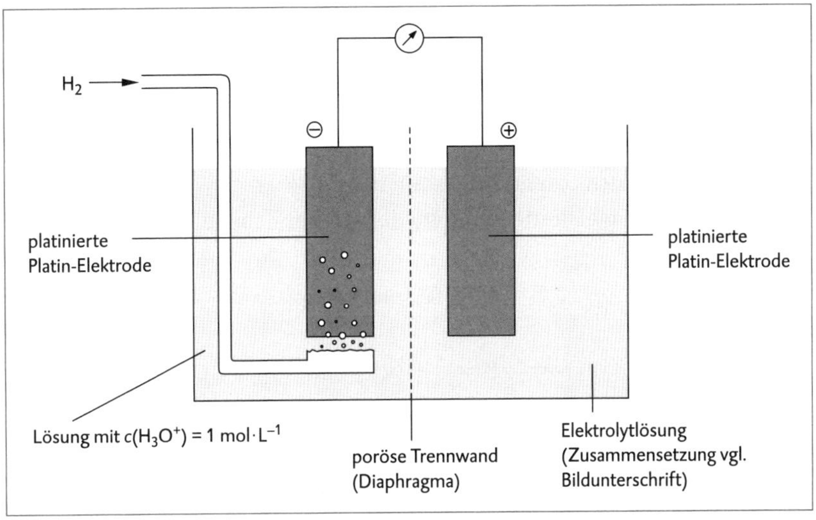

Abb. 56: Versuchsanordnung zur Messung des Standardpotenzials für den Vorgang:

$$Mn^{2+}(aq) + 4\,H_2O \rightleftharpoons MnO_4^-(aq) + 8\,H^+(aq) + 5\,e^-$$

Verwendet wird eine Standard-Wasserstoff-Halbzelle (links) und eine Platin-Elektrode in einer Lösung, die alle am Gleichgewicht beteiligten Ionen mit der Stoffmengenkonzentration $c = 1$ mol · L^{-1} enthält.

38. $$3\,\overset{0}{Cu}(s) + 8\,\overset{+I\,+V\,-II}{HNO_3}(aq) \longrightarrow 3\,\overset{+II\,+V\,-II}{Cu(NO_3)_2}(aq) + 4\,\overset{+I\,-II}{H_2O} + 2\,\overset{+II\,-II}{NO}(g)$$

Kupfer und Stickstoff haben die Oxidationszahlen geändert, daher handelt es sich um eine Redoxreaktion.

Alternativer Lösungsweg:

Die Teilgleichungen für diese Redoxreaktion können der Tabelle der Standardpotenziale entnommen werden:

$$Cu(s) \rightleftharpoons Cu^{2+}(aq) + 2\,e^- \qquad E^0 = +0{,}34\text{ V}$$

$$NO(g) + 2\,H_2O \rightleftharpoons 4\,H^+(aq) + NO_3^-(aq) + 3\,e^- \qquad E^0 = +0{,}96\text{ V}$$

Kupfer-Atome geben demnach an Nitrat- und Oxonium-Ionen Elektronen ab und die Gleichung für die Gesamtreaktion lautet, einfach aus der Tabelle der Standardpotenziale abgeschrieben:[48]

$$3\,Cu(s) + 8\,H^+(aq) + 2\,NO_3^-(aq) \longrightarrow 3\,Cu^{2+}(aq) + 4\,H_2O + 2\,NO(g)$$

48 Beachten Sie, dass in der zunächst angegebenen Reaktionsgleichung acht HNO_3-Moleküle aufgeführt sind. Sechs davon werden benötigt, da das entstehende Kupfernitrat zusätzliche NO_3^--Ionen enthält. Die Blaufärbung wird durch die entstandenen Nitrat-Ionen hervorgerufen.

39. Silber reagiert mit Salpetersäure, wobei Silbernitrat entsteht, das sich auflöst. Platin reagiert nicht und der mit einem Stück Platin gezogene Strich bleibt erhalten.
Den Grund für das unterschiedliche Verhalten der Metalle erkennt man an ihrer Stellung in der Tabelle der Standardpotenziale. Mit $E^0 = +0{,}98\,V$ steht Silber über der Salpetersäure, wird also durch sie, deren Standardpotenzial $E^0 = +0{,}96\,V$ beträgt, oxidiert. Platin mit $E^0 = +1{,}2\,V$ ist ein sehr edles Metall und durch Salpetersäure nicht angreifbar.
Die Reaktionsgleichung kann wieder aus der Tabelle „abgeschrieben" werden:

$$Ag(s) \rightleftharpoons Ag^+(aq) + e^- \qquad E^0 = +0{,}80\,V$$

und

$$NO(g) + 2\,H_2O \rightleftharpoons 4\,H^+(aq) + NO_3^-(aq) + 3\,e^- \qquad E^0 = +0{,}96\,V$$

Damit lautet die Gesamtgleichung für den Redoxvorgang:

$$3\,Ag(s) + 4\,H^+(aq) + NO_3^-(aq) \longrightarrow 3\,Ag^+(aq) + NO(g) + 2\,H_2O$$

Alternativ könnte man, analog zur Aufgabe 38, schreiben:

$$3\,Ag(s) + 4\,HNO_3(aq) \longrightarrow 3\,AgNO_3(aq) + 2\,H_2O + NO(g)$$

40. Auch diese Aufgabe lässt sich durch einen Blick in die Tabelle der Standardpotenziale lösen: Beim Einleiten von Schwefeldioxid in Wasser entsteht schweflige Säure. Für diese findet man den Eintrag

$$H_2SO_3(aq) + H_2O \rightleftharpoons 4\,H^+(aq) + SO_4^{2-}(aq) + 2\,e^- \qquad E^0 = +0{,}20\,V$$

und für Braunstein:

$$Mn^{2+}(aq) + 2\,H_2O \rightleftharpoons MnO_2(s) + 4\,H^+(aq) + 2\,e^- \qquad E^0 = +1{,}21\,V$$

Aus den Zahlenwerten ergibt sich, dass Braunstein ein sehr starkes Oxidationsmittel ist und schweflige Säure zu Schwefelsäure oxidiert. Der pH-Wert muss niedrig sein, damit genügend Oxonium-Ionen zur Verfügung stehen.
Die Gesamtgleichung lautet:

$$H_2SO_3(aq) + MnO_2(s) \longrightarrow Mn^{2+}(aq) + SO_4^{2-}(aq) + H_2O$$

Oder auch:

$$H_2SO_3(aq) + MnO_2(s) \longrightarrow MnSO_4(aq) + H_2O$$

41. Das an der Kathode, dem Minuspol der Elektrolysezelle, gebildete Gas ist Wasserstoff:

$$2\,H^+(aq) + 2\,e^- \longrightarrow H_2(g)$$

An der Anode, dem Pluspol bei der Elektrolyse, entsteht nach den Angaben im Aufgabentext ein stechendes Gas, also Chlor:

$$2\,Cl^-(aq) \longrightarrow Cl_2(g) + 2\,e^-$$

Zur Bestimmung der Zersetzungsspannung ersetzt man die annähernd linear verlaufenden Teile der Strom-Spannungs-Kurve durch Geraden und fällt vom Schnittpunkt das Lot auf die Achse, auf der die Spannung aufgetragen ist:

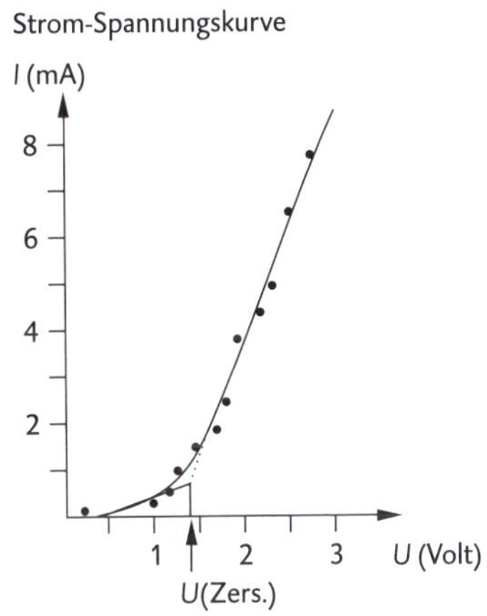

Abb. 57: Ermittlung der Zersetzungsspannung *U*(Zers.) aus einer Strom-Spannungskurve am Beispiel der Elektrolyse von Salzsäure an Platin-Elektroden

Da die Salzsäure die Stoffmengenkonzentration $c_0(\text{Säure}) = 1\ \text{mol} \cdot \text{L}^{-1}$ besitzt, entsprechen die Abscheidungspotenziale genau den Standardpotenzialen und die Zersetzungsspannung beträgt:

$$U(\text{Zers.}) = E^0(Cl^-/Cl_2) - E^0(H_2/H^+) = 1{,}36\ \text{V} - 0\ \text{V} = 1{,}36\ \text{V}$$

Der aus der Kurve ermittelte Wert stimmt gut damit überein. Es ist demnach keine messbare Überspannung vorhanden.

42. Für die beiden Elektrodengleichgewichte gelten folgende Abscheidungspotenziale:

$$4\,OH^-(aq) \rightleftharpoons 2\,H_2O + O_2(g) + 4\,e^- \qquad E^0 = +0{,}40\ \text{V}$$
$$E^0 = +0{,}82\ \text{V}\ (\text{pH} = 7)$$

$$2\,Cl^- \rightleftharpoons Cl_2(g) + 2\,e^- \qquad E^0 = +1{,}36\ \text{V}$$

Sauerstoff wird erst dann nicht abgeschieden, wenn sein Abscheidungspotenzial unter Berücksichtigung der Überspannung $\eta(O_2)$ größer ist als das Abscheidungspotenzial von Chlor, das ebenfalls um eine Überspannung $\eta(Cl_2)$ erhöht worden ist: Mathematisch formuliert gilt demnach:

$$E(OH^-/O_2) + \eta(O_2) > E(Cl^-/Cl_2) + \eta(Cl_2)$$
$$0{,}813\,V + \eta(O_2) > 1{,}36\,V + 0{,}5\,V$$
$$\eta(O_2) > 1{,}05\,V$$

Die Überspannung des Sauerstoffs muss demnach größer als 1,05 V sein.

43. Am Pluspol, also bei der Elektrolyse an der Anode, läuft eine Oxidation ab. In diesem Fall sind es die leicht oxidierbaren Iodid-Ionen, aus denen nach folgender Gleichung elementares Iod entsteht:

$$2\,I^-(aq) \longrightarrow I_2(aq) + 2\,e^-$$

Iod reagiert mit Stärke unter Bildung der bekannten blauen Einschlussverbindung „Iodstärke".
Am Minuspol ist keine Veränderung zu beobachten.

44. Die folgende Abbildung zeigt die Versuchsanordnung:

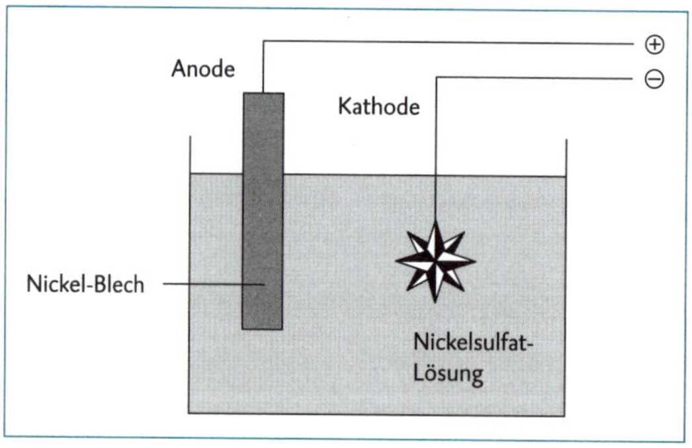

Abb. 58: Galvanisches Vernickeln eines Metallgegenstandes. Als Lösung dient Nickelsulfat. Der Gegenstand wird mit dem Minuspol einer Gleichspannungsquelle verbunden. Als Anode dient ein Nickel-Blech.

Am Pluspol gehen Nickel-Ionen in Lösung:

$$Ni(s) \longrightarrow Ni^{2+}(aq) + 2\,e^-$$

Am Minuspol werden Nickel-Ionen abgeschieden:

$$Ni^{2+}(aq) + 2\,e^- \longrightarrow Ni(s)$$

Für den Zusammenhang zwischen elektrischer Ladung $Q = I \cdot t$ und Stoffmenge $n(Ni)$ der an der Elektrode abgeschiedenen Nickel-Portion gilt:

$$Q = n(\mathrm{Ni}) \cdot 2 \cdot 96\,500 \frac{\mathrm{A \cdot s}}{\mathrm{mol}} \qquad (1)$$ [49]

Der Zusammenhang zwischen Masse, molarer Masse und Stoffmenge ist schon von vielen Rechnungen her bekannt:

$$n(\mathrm{Ni}) = \frac{m(\mathrm{Ni})}{M(\mathrm{Ni})} = \frac{0{,}1\,\mathrm{g}}{58{,}69\,\mathrm{g \cdot mol^{-1}}} \qquad (2)$$

Gleichung 2 in Gleichung 1 eingesetzt und nach der Zeit *t* aufgelöst, ergibt sich für die Stromstärke $I = 1 \cdot \mathrm{A}$:

$$t = \frac{0{,}1\,\mathrm{g} \cdot 2 \cdot 96\,500\,\mathrm{A \cdot s}}{58{,}69\,\mathrm{g \cdot mol^{-1}}} = 329\,\mathrm{s} \approx 5{,}5\,\mathrm{min}$$

Zur Abscheidung von 0,1 g Nickel werden bei diesem Experiment etwa $5\frac{1}{2}$ Minuten benötigt.

45. **a** Die Cadmium-Elektrode ist der Minuspol, dort läuft die Oxidation von Cadmium zu Cd^{2+}-Ionen ab, wobei Hydroxid-Ionen verbraucht werden:

$$\mathrm{Cd\,(s)} + 2\,\mathrm{OH^-\,(aq)} \underset{\text{Laden}}{\overset{\text{Entladen}}{\rightleftharpoons}} \mathrm{Cd(OH)_2\,(s)} + 2\,\mathrm{e^-}$$

Am Pluspol werden Ni^{3+}-Ionen zu Ni^{2+}-Ionen reduziert, wobei Hydroxid-Ionen freigesetzt werden:

$$2\,\mathrm{NiO(OH)\,(s)} + 2\,\mathrm{H_2O} + 2\,\mathrm{e^-} \underset{\text{Laden}}{\overset{\text{Entladen}}{\rightleftharpoons}} 2\,\mathrm{Ni(OH)_2\,(s)} + 2\,\mathrm{OH^-\,(aq)}$$

b Beim Entladen ist die Anzahl der am Minuspol verbrauchten Hydroxid-Ionen genauso groß wie die Anzahl der am Pluspol gebildeten Hydroxid-Ionen. Deren Stoffmengenkonzentration bleibt daher konstant. Allerdings werden Wassermoleküle verbraucht, wodurch die Stoffmengenkonzentrationen aller in Lösung vorliegenden Teilchen geringfügig ansteigen. Beim Laden ist es gerade umgekehrt.

(*Hinweis:* Dieser Effekt wirkt sich in der Praxis sehr günstig aus, denn dadurch bleibt der elektrische Widerstand etwa konstant. Das mit dem Akkumulator betriebene Elektrogerät liefert daher bis zuletzt ungefähr die gleiche elektrische Leistung. Diese Akkus können sehr oft aufgeladen werden, da sich die Reaktionsprodukte beim Entladen auf den Elektroden absetzen und wieder regeneriert werden können.)

49 $F = 96\,500\,\mathrm{A \cdot s \cdot mol^{-1}}$ wird auch als Faraday-Konstante bezeichnet. Man kann sie leicht aus der Avogadro-Konstante $N_A = 6{,}02 \cdot 10^{-23}\,\mathrm{mol^{-1}}$ und der Elementarladung $e = 1{,}6 \cdot 10^{-19}\,\mathrm{A \cdot s}$ berechnen: $F = N_A \cdot e$

c Für den Entladevorgang gilt:
Der Minuspol ist beim Nickelmetallhydrid-Akku die Wasserstoff speichernde Metall-Elektrode Me_x. Der im Metallgitter gespeicherte Wasserstoff reagiert beim Entladen mit Hydroxid-Ionen nach der Gleichung:

$$2\,Me_xH + 2\,OH^- \underset{\text{Laden}}{\overset{\text{Entladen}}{\rightleftharpoons}} 2\,Me_x + 2\,H_2O + 2\,e^-$$

Am Pluspol läuft der gleiche Vorgang wie im Nickel-Cadmium-Akkumulator ab.

$$2\,NiO(OH)\,(s) + 2\,H_2O + 2\,e^- \underset{\text{Laden}}{\overset{\text{Entladen}}{\rightleftharpoons}} 2\,Ni(OH)_2\,(s) + 2\,OH^-\,(aq)$$

Hinweis: Beim Ladevorgang laufen die Reaktionen in der umgekehrten Richtung ab. Der Gebrauch eines NiMH-Akkus verhindert also, dass das gesundheitlich äußerst bedenkliche Cadmium zum Einsatz kommt. Das ist vor allem für den Haushaltsgebrauch wichtig, wo die gesicherte Entsorgung alter oder gar beschädigter Akkus nicht immer garantiert werden kann.

46. a Die folgende Abbildung zeigt einen solchen Akkumulator. Der Minuspol besteht aus Natrium, der Pluspol aus Schwefel.

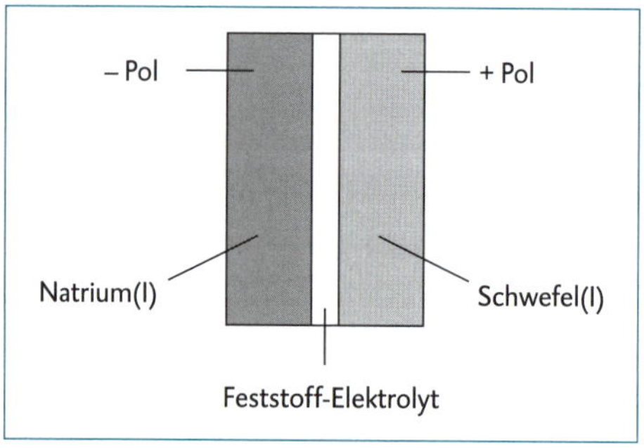

Abb. 59: Natrium-Schwefel-Akku. (*Hinweis:* In der Technik hat man den Festkörper-Elektrolyt zu einem Becher geformt, in dem der flüssige Schwefel vorliegt. In diesem befindet sich eine Elektrode zur Ableitung bzw. Zuleitung der Elektronen. Das ebenfalls flüssige Natrium umgibt diesen Becher.)

b Beim Entladen werden am Minuspol Natrium-Ionen gebildet und am Pluspol entstehen durch Elektronenaufnahme aus Schwefel-Molekülen Sulfid-Ionen, S^{2-}:

Minuspol	$2\,Na$	$\longrightarrow$	$2\,Na^+ + 2\,e^-$
Pluspol[50]	$S + 2\,e^-$	$\longrightarrow$	S^{2-}

Die Natrium-Ionen wandern durch den Festkörper-Elektrolyten und bilden in der Schwefelschmelze gelöstes Natriumsulfid, vereinfacht als

50 Bei genauer Betrachtung wird deutlich, dass die Sulfid-Ionen an Schwefel-Moleküle gebunden werden, wodurch Ionen der Formel S_x^{2-} entstehen.

Na_2S geschrieben. Beim Aufladen des Akkumulators laufen die zuvor beschriebenen Elektrodenreaktionen in der umgekehrten Richtung ab.

c Ein Vorteil gegenüber dem Bleiakku ist das geringe Gewicht bei gleicher elektrischer Kapazität. Das hat seinen Grund in der kleinen molaren Masse des Natriums. 2 mol Natrium, also ca. 46 g Natrium, geben so viel Elektronen ab wie 1 mol Blei, dessen Masse 207 g beträgt.
Ein Nachteil ist die erforderliche hohe Betriebstemperatur. Für Fahrzeuge mit langen Standzeiten sind solche Stromspeicher ungeeignet.

47. Verbindungen edlerer Metalle in der Akkumulatorensäure führen dazu, dass diese mit dem Elektrodenmaterial reagiert. Falls es Kupfer-Verbindungen sind, bildet sich an der Blei-Elektrode elementares Kupfer:

$$Pb(s) + Cu^{2+}(aq) \longrightarrow Pb^{2+}(aq) + Cu(s)$$

Oder, weil in schwefelsaurer Lösung sofort schwer lösliches Bleisulfat entsteht:

$$Pb(s) + Cu^{2+}(aq) + SO_4^{2-}(aq) \longrightarrow PbSO_4(s) + Cu(s)$$

Dadurch bilden sich an der Blei-Elektrode Lokalelemente. Die Überspannung des Wasserstoffs wird reduziert und Blei reagiert unter Wasserstoffentwicklung:

$$Pb(s) + 2\,H^+(aq) + SO_4^{2-}(aq) \longrightarrow H_2(g) + PbSO_4(s)$$

Vor allem beim Ladevorgang kann sich in diesem Fall statt einer Rückbildung des Bleisulfats an der Kathode Wasserstoff entwickeln. Der Akkumulator ist somit unbrauchbar.

48. Das DANIELL-Element hat unter Standardbedingungen die Spannung:

$$U = E^0(Cu/Cu^{2+}) - E^0(Zn/Zn^{2+}) = 0{,}34\,V - (-0{,}76\,V) = 1{,}10\,V$$

Nach dem Prinzip von LE CHÂTELIER kann die Spannung dadurch verringert werden, dass die Stoffmengenkonzentration der Kupfer-Ionen verkleinert und/oder die Stoffmengenkonzentration der Zink-Ionen erhöht wird. Dann gilt:

$$U = 1\,V = 0{,}34\,V + \frac{0{,}059\,V}{2} \cdot \lg\{c(Cu^{2+})\} - (-0{,}76\,V)$$

Aufgelöst nach dem Logarithmus des Zahlenwerts der Stoffmengenkonzentration $c(Cu^{2+})$ ergibt sich:

$$\lg\{c(Cu^{2+})\} = \frac{2}{0{,}059\,V} \cdot (1\,V - 0{,}34\,V - 0{,}76\,V) = -3{,}4$$

Damit gilt:

$$c(Cu^{2+}) = 10^{-3,4}\,mol \cdot L^{-1} = 4 \cdot 10^{-4}\,mol \cdot L^{-1}$$

Um das DANIELL-Element auf eine Spannung von genau 1 Volt zu bringen, kann man die Stoffmengenkonzentration der Cu^{2+}-Ionen auf $4 \cdot 10^{-4}$ $mol \cdot L^{-1}$ absenken und die Stoffmengenkonzentration der Zink-Ionen bei $1\,mol \cdot L^{-1}$ belassen.

49. Wie im Aufgabentext mitgeteilt, kommt die Reaktion zum Stillstand, wenn die Redoxpotenziale der beiden Redoxpaare gleich groß sind:

$$E(Cu/Cu^{2+}) = E(Zn/Zn^{2+})$$

Mithilfe der NERNST'schen Gleichung lassen sich diese Potenziale aus der Standardpotenziale für beliebige Stoffmengenkonzentrationen berechnen:

$$E^0(Cu/Cu^{2+}) + \frac{0{,}059\,V}{2} \cdot lg\{c(Cu^{2+})\} = E^0(Zn/Zn^{2+}) + \frac{0{,}059\,V}{2} \cdot lg\{c(Zn^{2+})\}$$

Mit den Standardpotenzialen $E^0(Cu/Cu^{2+}) = 0{,}34$ V und $E^0(Zn/Zn^{2+}) = -0{,}76$ V ergibt sich dann

$$0{,}34\,V + \frac{0{,}059\,V}{2} \cdot lg\{c(Cu^{2+})\} = -0{,}76\,V + \frac{0{,}059\,V}{2} \cdot lg\{c(Zn^{2+})\}$$

Etwas umgeformt und unter Berücksichtigung, dass $lg\,a - lg\,b = lg(a/b)$, erhält man:

$$lg\left\{\frac{c(Zn^{2+})}{c(Cu^{2+})}\right\} = \frac{2}{0{,}059\,V} \cdot 1{,}10\,V = 37{,}3$$

Damit gilt:

$$K = \frac{c(Zn^{2+})}{c(Cu^{2+})} = 10^{37,3} = 2 \cdot 10^{37}$$

Hinweis: Dieser extrem hohe Wert der Gleichgewichtskonstante zeigt, dass die beschriebene Methode außerordentlich wirksam ist. Zwar gelangen dadurch Zink-Ionen in die Lösung, sie sind jedoch toxikologisch weniger bedenklich. Zink ist sogar ein Spurenelement.

Anhang

Avogadro-Konstante	$N_A = 6{,}0221367 \cdot 10^{23}\ \text{mol}^{-1}$
Faraday-Konstante	$F\ = 96\,485\ \text{A} \cdot \text{s} \cdot \text{mol}^{-1} \approx 26{,}8\ \text{A} \cdot \text{h} \cdot \text{mol}^{-1}$
Universelle Gaskonstante	$R\ = 8{,}31451\ \text{J} \cdot \text{K}^{-1} \cdot \text{mol}^{-1}$
Elementarladung	$e\ = 1{,}60217733 \cdot 10^{-19}\ \text{A} \cdot \text{s}$
Spezifische Wärmekapazität des Wassers	$C_p = 4{,}186\ \text{J} \cdot \text{g}^{-1} \cdot \text{K}^{-1}$
molares Volumen der Gase bei Normbedingungen	$V_m \approx 22{,}41410\ \text{L} \cdot \text{mol}^{-1}$
Normdruck, Normtemperatur	$p_0\ = 101{,}325\ \text{kPa}$, $T_0\ = 273{,}15\ \text{K}$
Planck'sches Wirkungsquantum	$h\ = 6{,}6260755 \cdot 10^{-34}\ \text{J} \cdot \text{s}$
Standarddruck, Standardtemperatur	$p\ = 1\,000$ hPa (früher: 1 013 hPa), $T = 298$ K (25 °C)

Tab. 13: Wichtige Konstanten

Größe	Symbol	Einheit	Symbol	Definition	Größengleichung
Kraft	F	Newton	N	$1\ \text{N} = 1\ \text{kg} \cdot \text{m} \cdot \text{s}^{-2}$	$F = m \cdot a$
Druck	p p	Pascal Bar	Pa Bar	$1\ \text{Pa} = 1\ \text{N} \cdot \text{m}^{-2}$ 1 Bar = 100 000 Pa	$p = F \cdot A^{-1}$
Arbeit	W	Joule	J	$1\ \text{J} = 1\ \text{N} \cdot \text{m}$	$W = F \cdot s = U \cdot I \cdot t$
Energie	W	Joule	J	$1\ \text{J} = 1\ \text{N} \cdot \text{m}$	
el. Ladung	Q	Coulomb	C	$1\ \text{C} = 1\ \text{A} \cdot \text{s}$	$Q = I \cdot t$
el. Spannung	U	Volt	V	$1\ \text{V} = 1\ \text{J} \cdot \text{A}^{-1} \cdot \text{s}^{-1}$	
el. Potenzial	E, φ	Volt	V	$1\ \text{V} = 1\ \text{J} \cdot \text{A}^{-1} \cdot \text{s}^{-1}$	
Wärmemenge	Q	Joule	J	$1\ \text{J} = 1\ \text{N} \cdot \text{m}$	
Enthalpie	H	Joule	J	$1\ \text{J} = 1\ \text{N} \cdot \text{m}$	
Entropie	S		$\text{J} \cdot \text{K}^{-1}$		$S = Q \cdot T^{-1}$
molare Masse	M		$\text{g} \cdot \text{mol}^{-1}$		$M = m \cdot n^{-1}$
Volumen	V	Kubikmeter Liter	m^3 L	 $1\ \text{L} = 10^{-3}\ \text{m}^3$	$V = s^3$
mol. Volumen	V_m		$\text{L} \cdot \text{mol}^{-1}$		$V_m = V \cdot n^{-1}$
Stoffmengen-konzentration	c		$\text{mol} \cdot \text{L}^{-1}$		$c = n \cdot V^{-1}$

Tab. 14: Wichtige abgeleitete Größen und ihre Einheiten

Säure		$\{K_S\}$	pK_S
Perchlorsäure	$HClO_4$	10^9	–9
Iodwasserstoff	HI	10^8	–8
Bromwasserstoff	HBr	10^6	–6
Chlorwasserstoff	HCl	10^6	–6
Schwefelsäure	H_2SO_4	10^3	–3
Oxonium-Ion	H_3O^+	55	–1,74
Salpetersäure	HNO_3	21	–1,32
Oxalsäure	$(COOH)_2$	$3{,}5 \cdot 10^{-2}$	1,46
Hydrogensulfat-Ion	HSO_4^-	$1{,}2 \cdot 10^{-2}$	1,92
Schweflige Säure	H_2SO_3	$1{,}1 \cdot 10^{-2}$	1,96
Phosphorsäure	H_3PO_4	$1{,}1 \cdot 10^{-2}$	1,96
Hexaaquaeisen(III)-Ion	$[Fe(H_2O)_6]^{3+}$	$6 \cdot 10^{-3}$	2,22
Fluorwasserstoff	HF	$7{,}25 \cdot 10^{-4}$	3,14
Salpetrige Säure	HNO_2	$4{,}5 \cdot 10^{-4}$	3,35
Methansäure	HCOOH	$1{,}7 \cdot 10^{-4}$	3,77
Benzolcarbonsäure	C_6H_5COOH	$6{,}1 \cdot 10^{-5}$	4,22
Anilinium-Ion	$C_6H_5NH_3^+$	$2{,}65 \cdot 10^{-5}$	4,58
Ethansäure	CH_3COOH	$1{,}75 \cdot 10^{-5}$	4,76
Propansäure	C_2H_5COOH	$1{,}33 \cdot 10^{-5}$	4,88
Hexaaquaaluminium-Ion	$[Al(H_2O)_6]^{3+}$	$1{,}3 \cdot 10^{-5}$	4,9
Kohlensäure	(H_2CO_3)	$3{,}5 \cdot 10^{-7}$	6,46
Schwefelwasserstoff	H_2S	$8{,}8 \cdot 10^{-8}$	7,06
Hydrogensulfit-Ion	HSO_3^-	$6{,}4 \cdot 10^{-8}$	7,2
Dihydrogenphosphat-Ion	$H_2PO_4^-$	$6{,}2 \cdot 10^{-8}$	7,21
Ammonium-Ion	NH_4^+	$5{,}8 \cdot 10^{-10}$	9,24
Cyanwasserstoff	HCN	$4 \cdot 10^{-10}$	9,4
Hexaaquazink-Ion	$[Zn(H_2O)_6]^{2+}$	$2{,}2 \cdot 10^{-10}$	9,66
Phenol	C_6H_5OH	10^{-10}	10
Hydrogencarbonat-Ion	HCO_3^-	$4 \cdot 10^{-11}$	10,4
Wasserstoffperoxid	H_2O_2	$2{,}4 \cdot 10^{-12}$	11,62
Hydrogenphosphat-Ion	HPO_4^{2-}	$4{,}8 \cdot 10^{-13}$	12,32
Hydrogensulfid-Ion	HS^-	$1{,}03 \cdot 10^{-13}$	12,9
Wasser	H_2O	$1{,}8 \cdot 10^{-16}$	15,74
Ammoniak	NH_3	10^{-23}	23
Hydroxid-Ion	OH^-	10^{-24}	24

Tab. 15: K_S- und pK_S-Werte bei 25 °C
Die Basenkonstante der korrespondieren Base beträgt $pK_B = 14 - pK_S$

reduzierte Form	⇌	oxidierte Form	Standardpotenzial [V]
Li (s)	⇌	Li^{+} (aq) + e^{-}	–3,02
K (s)	⇌	K^{+} (aq) + e^{-}	–2,92
Ba (s)	⇌	Ba^{2+} (aq) + 2 e^{-}	–2,90
Ca (s)	⇌	Ca^{2+} (aq) + 2 e^{-}	–2,76
Na (s)	⇌	Na^{+} (aq) + e^{-}	–2,71
Mg (s)	⇌	Mg^{2+} (aq) + 2 e^{-}	–2,38
Al (s)	⇌	Al^{3+} (aq) + 3 e^{-}	–1,67
Mn (s)	⇌	Mn^{2+} (aq) + 2 e^{-}	–1,03
H_2 (g) + 2 OH^{-} (aq)	⇌	2 H_2O + 2 e^{-}	–0,83
Zn (s)	⇌	Zn^{2+} (aq) + 2 e^{-}	–0,76
Cr (s)	⇌	Cr^{3+} (aq) + 3 e^{-}	–0,74
S^{2-} (aq)	⇌	S (s) + 2 e^{-}	–0,51
Fe (s)	⇌	Fe^{2+} (aq) + 2 e^{-}	–0,41
Pb (s) + SO_4^{2-} (aq)	⇌	$PbSO_4$ (s) + 2 e^{-}	–0,36
Co (s)	⇌	Co^{2+} (aq) + 2 e^{-}	–0,28
Ni (s)	⇌	Ni^{2+} (aq) + 2 e^{-}	–0,23
Sn (s)	⇌	Sn^{2+} (aq) + 2 e^{-}	–0,14
Pb (s)	⇌	Pb^{2+} (aq) + 2 e^{-}	–0,13
½ H_2 (g)	⇌	H^{+} (aq) + e^{-}	0,00
Sn^{2+} (aq)	⇌	Sn^{4+} (aq) + 2 e^{-}	+0,15
H_2SO_3 (aq) + H_2O	⇌	SO_4^{2-} (aq) + 4 H^{+} (aq) + 2 e^{-}	+0,20
Cu (s)	⇌	Cu^{2+} (aq) + 2 e^{-}	+0,34
4 OH^{-} (aq)	⇌	O_2 (g) + 2 H_2O + 4 e^{-}	+0,40
2 I^{-} (aq)	⇌	I_2 (s) + 2 e^{-}	+0,54
H_2O_2 (aq)	⇌	O_2 (g) + 2 H^{+} (aq) + 2 e^{-}	+0,68
Fe^{2+} (aq)	⇌	Fe^{3+} (aq) + e^{-}	+0,77
Ag (s)	⇌	Ag^{+} (aq) + e^{-}	+0,80

reduzierte Form		oxidierte Form	Standardpotenzial [V]
Hg (l)	$\rightleftharpoons$	Hg^{2+} (aq) + 2 e^-	+0,85
NO (g) + 2 H_2O	$\rightleftharpoons$	NO_3^- (aq) + 4 H^+ (aq) + 3 e^-	+0,96
2 Br^- (aq)	$\rightleftharpoons$	Br_2 (l) + 2 e^-	+1,06
Pt (s)	$\rightleftharpoons$	Pt^{2+} (aq) + 2 e^-	+1,20
Mn^{2+} (aq) + 2 H_2O	$\rightleftharpoons$	MnO_2 (s) + 4 H^+ (aq) + 2 e^-	+1,21
2 Cr^{3+} (aq) + 7 H_2O	$\rightleftharpoons$	$Cr_2O_7^{2-}$ (aq) + 14 H^+ (aq) + 6 e^-	+1,33
2 Cl^- (aq)	$\rightleftharpoons$	Cl_2 (g) + 2 e^-	+1,36
Au (s)	$\rightleftharpoons$	Au^{3+} (aq) + 3 e^-	+1,42
Pb^{2+} (aq) + 2 H_2O	$\rightleftharpoons$	PbO_2 (s) + 4 H^+ (aq) + 2 e^-	+1,47
Mn^{2+} (aq) + 4 H_2O	$\rightleftharpoons$	MnO_4^- (aq) + 8 H^+ (aq) + 5 e^-	+1,51
$PbSO_4$ (s) + 2 H_2O	$\rightleftharpoons$	PbO_2 (s) + SO_4^{2-} (aq) + 4 H^+ (aq) + 2 e^-	+1,68
MnO_2 (s) + 2 H_2O	$\rightleftharpoons$	MnO_4^- (aq) + 4 H^+ (aq) + 3 e^-	+1,68
2 H_2O	$\rightleftharpoons$	H_2O_2 (aq) + 2 H^+ (aq) + 2 e^-	+1,77
2 F^- (aq)	$\rightleftharpoons$	F_2 (g) + 2 e^-	+2,87

Tab. 16: Standardpotenziale in wässriger Lösung bei 25 °C
(s) fest, (l) flüssig, (g) gasförmig, (aq) in wässriger Lösung mit $c = 1\ mol \cdot L^{-1}$

	ΔH_B^0 [kJ · mol⁻¹]	S^0_m [J · mol⁻¹ · K⁻¹]		ΔH_B^0 [kJ · mol⁻¹]	S^0_m [J · mol⁻¹ · K⁻¹]
H_2 (g)	0	130,6	Al (s)	0	28,32
H^+ (aq)	0	0	Al^{3+} (aq)	525,0	–314,0
H_3O^+ (aq)	–285,85	69,94	$AlCl_3$ (s)	–695	167
OH^- (aq)	–229,95	–10,54	Al_2O_3 (s)	–1669,8	50,99
Li (s)	0	28,0	C (s), Diamant	1,90	2,44
Li^+ (aq)	–278,4	14,2	C (s), Graphit	0	5,69
LiCl (s)	–408,8	55,2	CO (g)	–110,5	197,9
Na (s)	0	51,0	CO_2 (g)	–393,5	213,6
Na^+ (aq)	–239,7	60,2	CO_2 (aq)	–412,9	121,3
Na_2O (s)	–415,9	72,8	CH_4 (g)	–74,9	186,2
NaOH (s)	–426,7	523	C_2H_2 (g)	226,8	200,8
NaCl (s)	–411,0	72,4	C_2H_4 (g)	52,3	219,5
$NaNO_3$ (s)	–466,68	116,3	C_2H_6 (g)	–84,7	229,5
K (s)	0	63,6	C_6H_6 (g), Benzol	82,9	269,2
K^+ (aq)	–251,2	102,5	CH_3OH (g)	–201,3	237,6
KCl (s)	–435,9	82,7	CH_3OH (l)	–238,6	126,8
Mg (s)	0	32,5	C_2H_5OH (l)	–277,6	160,7
Mg^{2+} (aq)	–461,95	–118,0	CH_3COOH (aq)	–488,4	179,5
MgO (s)	–601,8	26,8	CH_3COO^- (aq)	–488,9	87,0
$Mg(OH)_2$ (s)	–924,7	63,1	CCl_4 (g)	–106,7	309,4
$MgCl_2$ (s)	–641,8	89,5	Si (s)	0	18,7
Ca (s)	0	41,63	SiO_2 (s), Quarz	–859,4	41,84
Ca^{2+} (aq)	–542,96	–55,2	N_2 (g)	0	191,5
CaO (s)	–635,1	39,7	N (g)	472,6	153,2
$CaCO_3$ (s), Calcit	–1206,87	92,9	NO (g)	90,4	210,6
$CaSO_4 \cdot 2\,H_2O$ (s)	–2021,1	194,0	NO_2 (g)	33,9	240,45
$CaSO_4 \cdot ½\,H_2O$ (s)	–1575,2	130,5	N_2O (g)	81,6	219,99

	$\Delta H_B{}^0$ [kJ · mol^{-1}]	$S^0{}_m$ [J · mol^{-1} · K^{-1}]		$\Delta H_B{}^0$ [kJ · mol^{-1}]	$S^0{}_m$ [J · mol^{-1} · K^{-1}]
N_2O_4 (g)	9,66	304,30	I_2 (s)	0	116,7
NH_3 (g)	–46,2	192,5	Zn (s)	0	41,6
NH_3 (aq)	–80,8	110,0	Zn^{2+} (aq)	–152,4	–106,5
NH_4^+ (aq)	–132,8	112,8	Cu (s)	0	33,3
NO_3^-	–206,6	146,4	Cu^+ (aq)	51,9	26,4
P (s), weiß	0	44,0	Cu^{2+} (aq)	64,39	–98,7
P (s), rot	–18,4	29,3	CuO (s)	–155,2	43,5
O_2 (g)	0	205,0	Cu_2O (s)	–166,7	100,8
O_3 (g)	142,2	237,6	$CuSO_4$ (s)	–769,9	113,4
H_2O (g)	–241,8	188,7	$CuSO_4 \cdot 5\,H_2O$ (s)	–2277,98	305,4
H_2O (l)	–285,85	69,94	Ag (s)	0	42,7
H_2O_2 (l)	–187,61	92	Ag^+ (aq)	105,9	73,9
S (s), rhombisch	0	31,88	Ag_2O (s)	–30,6	121,7
SO_2 (g)	–296,06	248,5	AgCl (s)	–127,0	96,1
SO_3 (g)	–395,18	256,2	Fe (s)	0	27,2
F_2 (g)	0	203,3	Fe^{2+} (aq)	–87,9	–113,5
HF (g)	–268,6	173,5	Fe^{3+} (aq)	–47,7	–293,4
Cl_2 (g)	0	223,0	$FeCO_3$ (s)	–748,2	92,9
HCl (g)	–92,3	186,7	FeO (s)	–266,7	54
Cl^- (aq)	–167,4	55,2	Fe_2O_3 (s), Hämatit	–822,2	90,0
Br_2 (l)	0	152,3	Fe_3O_4 (s), Magnetit	–1120,9	146,4
Br_2 (g)	30,7	245,3	FeS (s)	–95,1	67,4
HBr (g)	–36,2	198,5			

Tab. 17: Molare Bildungsenthalpien und molare Entropien (bei 25 °C und 1 013 hPa)

Reaktionsenthalpie ΔH und Reaktionsentropie ΔS bei Standardbedingungen:

$$\Delta H = \sum_{i=1}^{k} n_i \cdot \Delta H_B{}^0\,(\text{Endstoff})_i - \sum_{i=1}^{k} n_i \cdot \Delta H_B{}^0\,(\text{Ausgangsstoff})_i$$

$$\Delta S = \sum_{i=1}^{k} n_i \cdot \Delta S^0{}_m\,(\text{Endstoff})_i - \sum_{i=1}^{k} n_i \cdot \Delta S^0{}_m\,(\text{Ausgangsstoff})_i$$

Periodensystem der Elemente

	I	II	Hauptgruppen										III	IV	V	VI	VII	VIII
1	1,01 H 1																	4,00 He 2
2	6,94 Li 3	9,01 Be 4											10,81 B 5	12,01 C 6	14,01 N 7	16,00 O 8	19,00 F 9	20,18 Ne 10
3	22,99 Na 11	24,31 Mg 12	Nebengruppen										26,98 Al 13	28,09 Si 14	30,97 P 15	32,06 S 16	35,45 Cl 17	39,95 Ar 18
4	39,10 K 19	40,08 Ca 20	44,96 Sc 21	47,88 Ti 22	50,94 V 23	52,00 Cr 24	54,94 Mn 25	55,85 Fe 26	58,70 Co 27	58,69 Ni 28	63,55 Cu 29	65,38 Zn 30	69,72 Ga 31	72,59 Ge 32	74,92 As 33	78,96 Se 34	79,90 Br 35	83,80 Kr 36
5	85,47 Rb 37	87,62 Sr 38	88,91 Y 39	91,22 Zr 40	92,91 Nb 41	95,94 Mo 42	[98] Tc 43	101,07 Ru 44	102,91 Rh 45	106,42 Pd 46	107,87 Ag 47	112,41 Cd 48	114,82 In 49	118,69 Sn 50	121,75 Sb 51	127,60 Te 52	126,90 I 53	131,29 Xe 54
6	132,91 Cs 55	137,33 Ba 56	138,91 La 57	178,49 Hf 72	180,95 Ta 73	183,85 W 74	186,21 Re 75	190,20 Os 76	192,22 Ir 77	195,08 Pt 78	196,97 Au 79	200,59 Hg 80	204,38 Tl 81	207,20 Pb 82	208,98 Bi 83	[209] Po 84	[210] At 85	[222] Rn 86
7	[223] Fr 87	226,03 Ra 88	[227] Ac 89	[261] Rf 104	[262] Db 105	[263] Sg 106	[262] Bh 107	[265] Hs 108	[266] Mt 109									

Lanthanoide	140,12 Ce 58	140,91 Pr 59	144,24 Nd 60	[145] Pm 61	150,36 Sm 62	151,96 Eu 63	157,25 Gd 64	158,93 Tb 65	162,50 Dy 66	164,93 Ho 67	167,26 Er 68	168,93 Tm 69	173,04 Yb 70	174,97 Lu 71
Actinoide	232,04 Th 90	231,04 Pa 91	238,03 U 92	237,05 Np 93	[244] Pu 94	[243] Am 95	[247] Cm 96	[247] Bk 97	[251] Cf 98	[254] Es 99	[257] Fm 100	[258] Md 101	[259] No 102	[260] Lr 103

Stichwortverzeichnis